“技术要点”系列丛书

# 小县城·大未来

## 站位城市·谋划产业

华高莱斯国际地产顾问(北京)有限公司◎著

北京理工大学出版社
BEIJING INSTITUTE OF TECHNOLOGY PRESS

## 内容提要

《小县城·大未来》是一本对城乡融合、县城发展建设进行全方位阐述的县域经济研究书籍。

县城是从乡村跃迁到城市的第一站，是城市体系的初始。可以说，小县城的“小”是确定的，但是“大”未来的背后，却是“大挑战”与“大机遇”的碰撞。“大挑战”来自“城市极化”过程，大城市在人口、产业吸纳方面都全面“挤压”小县城；“大机遇”来自中央所提出的十四五规划和“全面乡村振兴”中县城的优势——县城是“以城带乡”的桥头堡，是“以工补农”的发动机。如何能让小县城抓住大机遇，迎接大挑战，最终赢得自己的“大未来”呢？在《小县城·大未来》中，将从道、法、术三个层面，从县城的城市建设、城市宣传、产业创新三大维度，为大家进行全方位的阐释！



**图书在版编目（CIP）数据**

小县城·大未来 / 华高莱斯国际地产顾问（北京）有限公司著. -- 北京：北京理工大学出版社, 2021.8

ISBN 978-7-5763-0150-2

Ⅰ.①小… Ⅱ.①华… Ⅲ.①县－区域规划－研究－中国 Ⅳ.①TU982.2

中国版本图书馆CIP数据核字(2021)第164319号

出版发行 / 北京理工大学出版社有限责任公司
社　　址 / 北京市海淀区中关村南大街5号
邮　　编 / 100081
电　　话 / （010）68914775（总编室）
（010）82562903（教材售后服务热线）
（010）68944723（其他图书服务热线）
网　　址 / http://www.bitpress.com.cn
经　　销 / 全国各地新华书店
印　　刷 / 天津久佳雅创印刷有限公司
开　　本 / 710毫米×1000毫米　1/16
印　　张 / 14.5
字　　数 / 214千字
版　　次 / 2021年8月第1版　2021年8月第1次印刷
定　　价 / 30.00元

责任编辑 / 申玉琴
文案编辑 / 申玉琴
责任校对 / 刘亚男
责任印制 / 边心超

# 版权声明

# 总　序

## 通俗讲技术，明确指要点

我们这套丛书，从诞生的那一天开始，就有了一个不变的名字——“技术要点”。之所以叫作“技术要点”，是基于我们撰写这套丛书的两个基本信念——“通俗讲技术”和“明确指要点”。

所谓“通俗讲技术”，就是我们相信，无论是多么高深、多么艰涩的技术难题，只要是作为研究者的我们真正理解了，也就是说，如果我们是真正的内行，并且真正把这些技术难题给吃透了、弄通了，那么，我们就有能力向任何一个外行人，把那些高深、艰涩的技术难题用最通俗的语言讲述清楚，就像爱因斯坦可以给普通大众讲解清楚相对论的原理那样——能把复杂的问题讲通俗，这叫智慧；相反，如果非要把一个原本通俗的东西弄复杂，那不叫水平，顶多是叫心机。您在我们这套丛书的各个分册中，能看到我们所讲述的一项项新兴的技术，以及与之相关的科学原理。看完我们的讲述，您不一定会去“搞科研”，但至少能保证让您“听明白”，这就是我们所坚持的“通俗讲”“讲技术”。

第二个基本信念是“明确指要点”。这样的信念，是因为我们想撰写一套“有用”的书，所谓“有用”，又有两层含义，其一是想让写作者麻烦，而让阅读者简单——所谓写作者麻烦，就是要让写作者在撰写过程中，不厌其烦，遍查资料，并且能纲举目张，秉要执本，这样，才能让阅读者不用再去做那些去粗取精、去伪存真的事情，而是在简单愉快的“悦读”中，就能掌握相关技术要点；其二是有用，而且好用，在掌握关键点的基础之上，如果阅读者不仅仅只是为“知”，而且还想要“行”，那么我们所列出的这些“技术要点”，就马上可以成为您行动的计划书与路线图，不但能用、有用，而且可以做到很好用、直接用。所以，我们不但要指出要点，还要“清晰地”“指要点”。

以上两个基本信念，就是我们编写这套丛书的出发点，同时，也是我们向读者们所做的郑重承诺——在科学日益昌明、技术日新月异的时代，作为一个地球人，作为人类大家庭中的一员，无论我们是要做企业，还是居家过日子，也无论我们要当市长，还是只想做普通市民，我们都不得不去面临许多过去不曾听说的新科技，并要面对由此所带来的诸多困惑——越是处于这样容易迷惘的时代，理性认知也就变得愈加重要，而我们这套“技术要点”丛书，就是想要成为您的同行者和同路人，做您理性认知世界、客观认知时代的好帮手！

**华高莱斯国际地产顾问（北京）有限公司　董事长兼总经理　李忠**

# 卷首语

## 县城的未来，要靠县城来创造

新的发展阶段，县城面临前所未有的机遇与挑战：在“十四五”期间，城镇化是我国经济发展的重要动力。常住人口城镇化率将提升到65%；农业转移人口进程将加速，形成以人为核心的新型城镇化建设。这些都为县城的建设、县城经济的发展带来了新机遇。与此同时，城市人口的抢夺也愈演愈烈。都市圈中大城市的强势发展，给县城的生存带来巨大挑战。面对新的“危”和“机”，县城到底应该如何发展？《小县城•大未来》这本书给出的答案就是：县城的未来，要靠县城自己创造！

所有的城市都希望吸引并留住人口，尤其是年轻人口。但是，现实是——县城只是很多年轻人从乡村进入城市的一个“驿站”，而不是“终点”。年轻人有一千个理由逃离“一线城市”，也有一千零一个理由留在“一线城市”，更遑论那些“准一线城市”对人口吸纳的白热化竞争。面对更高级别城市对人口的“抢夺”，县城该怎么办？这需要我们动态地看待人口问题——只要停留在县城的年轻人更多，而离开的人更少，那么县城的人口绝对值就会增加，县城就有了赢得未来的资本！所以，县城不是靠上面下发政策，来阻止年轻人的流动，而是靠县城自己！县城要努力把县城建设得更有吸引力，让年轻人愿意在县城生活更长时间。在《小县城•大未来》一书中，会将各种县城发展建设应注意的重点、应避免的误区一一阐述清楚，真正让县城能够把握住未来。

不仅是人口要靠县城自己去争取，在产业发展中县城也需要靠自己去创造！面对产业招商，县城能够给企业的仅仅是便宜的土地和廉价的劳动力吗？当然不是！从县城自身出发，去发现自身的区位优势，发现以城带乡中工业带动农业的优势，发现对接大城市的创新模式，甚至是发现县城文化旅游资源在招商中的价值……这些都会帮助县城书写产业的创富故事。如何发现自身在产业上的优势，又应该从哪个角度挖掘呢？在《小县城•大未来》一书中同样能找到答案。

至此，大家应该可以看出《小县城•大未来》是一本非常接地气的书——从县城的实际出发，为县城的发展提出中肯建议。对于那些奋战在县城建设发展一线的工作者而言，我们相信这本书会让他们更加坚定地相信“小县城，可以创造出大未来”！

**《小县城•大未来》执行主编　陈迎**

# 目　录

CONTENTS

▲ 县城的未来，充满挑战（华高莱斯　摄）

# 开篇：县城，将何去何从？

文 | 陈　迎　董事副总经理
“技术要点”系列丛书主编

## 第一部分：城市极化，县城所面对的一场“非生即死”的命运挑战

### 一、极化！影响县城命运的城市发展趋势

城市极化是指人口和资源要素在城市之间非均衡分布的状态与过程。城市极化和法国经济学家弗郎索瓦·佩鲁在20世纪50年代提出的非均衡区域发展理论密切相关。佩鲁认为，增长并非同时在所有地方出现，而是率先出现在一些增长点或增长极上。

**城市作为经济要素的聚集体和承载空间，必然也会遵从这种“非均质”发展的规律**。城市极化是符合经济发展规律的普遍现象。虽然城市的等级不同，但是城市都希望成为“极化的繁荣端”——城市越来越大、越来越强，人口增加，经济繁荣。虽然没有城市会愿意成为“极化的萎缩端”，但是极化就意味着分化。当有些城市在极化中繁荣时，就必然会有些城市在极化中萎缩甚至消失。

中国城市发展同样存在极化。快速城镇化即大量的农村人口进入乡、镇。县城处于城市极化发展的过程中。但这仅是城市极化发展的开始。**当下，愈演愈烈的“抢人大战”和卷土重来的“撤县设区”，都是城市极化发展的表象。**在这样的城市极化发展中，县城往往处在“被动一方”——向更大城市输送人口甚至空间。在这种极化过程中，县城是走向“极化的繁荣端”还是会如那些在城镇化浪潮中消亡的乡村走向“极化的萎缩端”？县城面临着一场“非生即死”的命运挑战！

要想说清城市发展中县城所面临的严峻挑战，我们需要在审视“撤县设区”和“抢人大战”中看清中国城市极化的发展态势。

### 二、“撤县设区”“抢人大战”——加剧中国城市极化发展的两大推力

从2017年开始，很多副省级城市纷纷展开“抢人大战”，扩大自身规模，但是在此之前的2013年，城市的规模扩增——“撤县设区”就已经开始。在这两大动作的作用下，中国的城市极化进程正在加速。

1. 卷土重来的“撤县设区”

比起“抢人大战”的新闻，2020年关于“撤县设区”的新闻并没有引起轰动。实际上，在2020年6—7月，从大到小，从北到南，至少有长春、成都、邢台、烟台、芜湖、南通6个城市宣布撤县设区。“撤县设区”并非始自2020年。中华人民共和国民政部《中华人民共和国行政区划统计表》① 的数据显示：1990年仅有236个地级市和427个县级市；2000年开始有“市辖区”出现；2004—2012年“撤县设区”曾经一度收紧。此后再度增加，从图1可以看出，从2013年开始，“市辖区”的数量再度猛增，而县的数量随之减少。

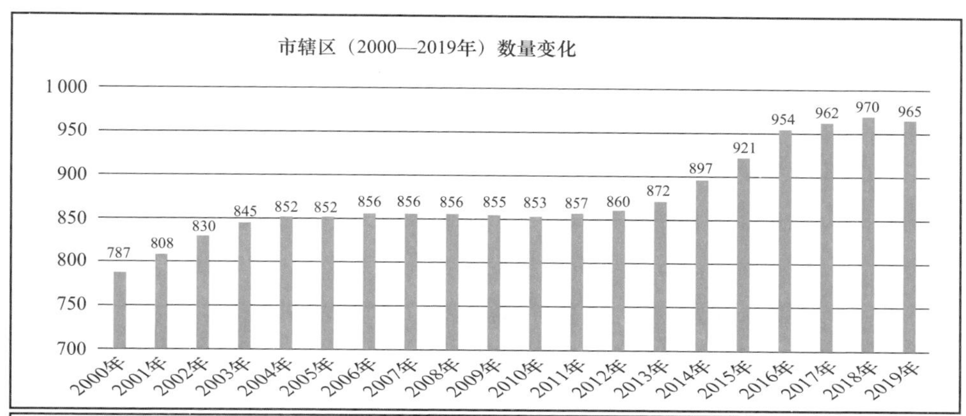


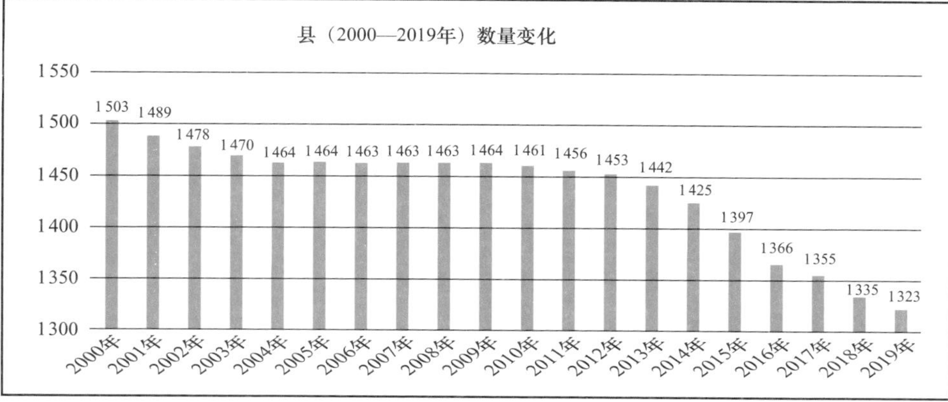


图1　中华人民共和国民政部2000—2019年《中华人民共和国行政区划统计表》（单位：个）

① 数据根据中华人民共和国民政部公布数据统计。

中国四个一线城市——北京、上海、广州、深圳都是通过这种“撤县设区”的方式实现城市规模的扩增。除深圳是在2010年完成了特区内外一体化外，其他三个城市都是在2013年之后完成了“撤县设区”的空间扩张：2014年，广州将从化与增城两县并入，形成11个市辖区，城市面积达到7 434.4平方千米；2015年，北京将延庆和密云“撤县设区”，形成16个市辖区，城市面积达到16 410平方千米；2016年，上海完成了对崇明的“撤县设区”，也拥有16个市辖区，城市面积为6 340.5平方千米。另外，武汉、南京都完成了“撤县设区”，形成了“无县市”。而杭州、成都两座新一线城市虽然仍保留“县”，但通过“撤县设区”的方式也都达到了城市规模扩大。通过这种方式扩大城市规模的还有天津、沈阳、大连、青岛、无锡、苏州、宁波、厦门、西安、长沙等。

从大城市发展看，“撤县设区”已经是大城市规模扩增最直接的方式之一。从县城的角度看，这些能够并入大都市的县无疑是城市极化过程中的幸运儿。它们成为大都市的一部分，更好地接受大都市的经济辐射和经济带动，将拥有更好的发展前景。**但是，无论这种“撤县设区”如何发展，其所能并入的市辖区毕竟有限。更多的县城会直接面对大城市的另一种挑战——“抢人”！**

### 2. 愈演愈烈的“抢人大战”

虽然“撤县设区”开始很早，但是波及城市数更多且给人更深印象的城市极化发展则是各个城市展开的“抢人大战”。从2017年至今，全国已有超50个城市发布了多次人才吸引政策。在过去几年中，这种“抢人大战”多停留在副省级城市之间。成都、武汉、杭州等新一线城市及西安、郑州两个中部城市拼抢得异常激烈。到了2020年，已经非常激烈的“抢人大战”再次升级——除北京外，上海、广州、深圳三个一线城市也开始“抢人”。

2020年9月23日，上海发布新政，复旦大学、上海交通大学、同济大学、华东师范大学的应届本科生，以及世界一流大学建设高校的应届硕士，全国各高校的博士可以直接落户；2020年12月16日，广州市人力资源和社会保障局发布关于公开征求《广州市差别化市外迁入管理办法》的意见通告，根据通告：广州7区入户政策拟放松，28岁以下大专学历可落户；不仅如此，根据2021年

3 月上海市政府发布的《关于本市“十四五”加快推进新城规划建设工作的实施意见》(沪府规〔2021〕2 号)[①]，至 2035 年，5 个新城各集聚 100 万左右常住人口，基本建成长三角地区具有辐射带动作用的综合性节点城市。至 2025 年，5 个新城常住人口总规模达到 360 万左右。可以预计，上海已经为更多地吸引人口做好了准备。

再看深圳，与那些高校云集的城市相比，深圳历来被视为吸引毕业生的磁极城市。从 2020 年开始，深圳也逐步加入对在校生的“抢人”大战！具体而言，根据 2020 年 10 月中共中央办公厅、国务院办公厅印发的《深圳建设中国特色社会主义先行示范区综合改革试点实施方案（2020—2025 年）》[②] 相关内容，深圳将“探索扩大在深高等学校办学自主权。在符合国家相关政策规定的前提下，支持深圳引进境外优质教育资源，开展高水平中外合作办学”。未来，将有更多的高校落户深圳。从现在的“到深圳工作”到未来的“到深圳读书”，深圳的“抢人”范围无疑将进一步扩大。

除了一线城市，2020 年的“抢人大战”中地级市也不断加大“抢人”力度。2020 年年底，无锡、苏州都推出了户籍松动政策。尤其是苏州的政策更为瞩目——2020 年 12 月 22 日，苏州市公布了《关于进一步推动非户籍人口在城市落户的实施意见》[③]，提出：落实租赁房屋常住人口在社区公共户落户政策，经房屋所有权人同意可以在房屋所在地落户，也可以在房屋所在地的社区落户。这就是大家所说的“租房落户”。

总之，以前存在于副省级城市之间的“抢人圈子”如今已经“破圈”：从一线城市到地级市，都纷纷加入。“抢人大战”的升级最直观的理由就是：那些最早投入“抢人大战”的城市已经收获丰硕的成果。

---

① 上海市人民政府：《〈关于本市“十四五”加快推进新城规划建设工作的实施意见〉解读》，http://www.shanghai.gov.cn/nw42236/20210302/ae87033ca5d749af9cc4e2fa56666b19.html.

② 中华人民共和国中央人民政府：《深圳建设中国特色社会主义先行示范区综合改革试点实施方案（2020—2025 年）》，http://www.gov.cn/zhengce/2020-10/11/content_5550408.htm.

③ 苏州市人民政府：《〈市政府办公室关于进一步推动非户籍人口在城市落户的实施意见〉解读》，https://www.suzhou.gov.cn/szsrmzf/wzjd/202012/8da1be779a7a4059ab90b6fecb63a4ef.shtml.

恒大研究院2020年8月公布的《中国人口大迁徙的新趋势》[①]的数据显示，在2016—2019年的四年时间内，深圳、广州、杭州3个城市年常住人口年均净流入分别达32万、28万、27万，较2011—2015年均有大幅增长；长沙、宁波、西安、重庆、成都、郑州的年常住人口年均净流入规模均在10万以上。除上述城市外，武汉自2017年开始启动实施“百万大学生留汉创业就业工程”，通过一系列人才新政，已经提前两年在2019年完成计划——共新增留汉大学生109.5万人。

**“抢人大战”和县城有什么关系呢？请不要把这些城市之间的“抢人大战”看成与县城发展无关的“神仙打架”。因为这场“抢人大战”所争抢的正是那些因为外出读书或工作而不再回到县城的年轻人！**

### 3. 大城市所争抢的也正是县城所失去的

在“撤县设区”和“抢人大战”的挤压下，大城市所争抢的也正是县城所失去的。除了我们知道的“撤县设区”从空间和人口上，让部分县城融入大城市，大部分县城所面对的是“抢人大战”中的人口吸纳！

上海交通大学特聘教授、博士生导师，中国发展研究中心主任陆铭先生在《城市化进程中的教育》[②]一文中阐述了中国人口流动情况：沿海地区具有更多人口流入地；而且那些在沿海大城市周边的地区也是人口的流入地，只是没有大城市的吸引力强大而已；而那些远离沿海大城市的区域大部分都是人口流出地。很明显，大城市及其周边区域的流入人口大部分出自那些远离大城市的县域。

图2为根据恒大研究院2020年8月公布的《中国人口大迁徙的新趋势》[③]数据所制作的不同等级城市的人口年均变化情况。从图中可以看到县级市及县

---

① 恒大研究院：《中国人口大迁移的新趋势》，http://pdf.dfcfw.com/pdf/H3_AP202008131398339483_1.pdf.

② 铭心而论：《“我思我在”城市化进程中的教育》，https://mp.weixin.qq.com/s/C8L_r8p7EbFRCRzhdNmAdg.

③ 新浪新闻：《任泽平：中国人口大迁移3 000个县全景呈现》，https://finance.sina.cn/zl/2020-12-24/zl-iiznezxs8591382.d.html?wm=3049_0032.

（五、六线城市[①]）是人口增长最慢的城市。尤其是小学生的数量对比，县级市及县（五、六线城市）的增长要么为 -0.2%，要么为 0%。这说明，当青壮年人口迁移到一、二线城市时，他们的家属也随之迁移，而没有停留在县城中。

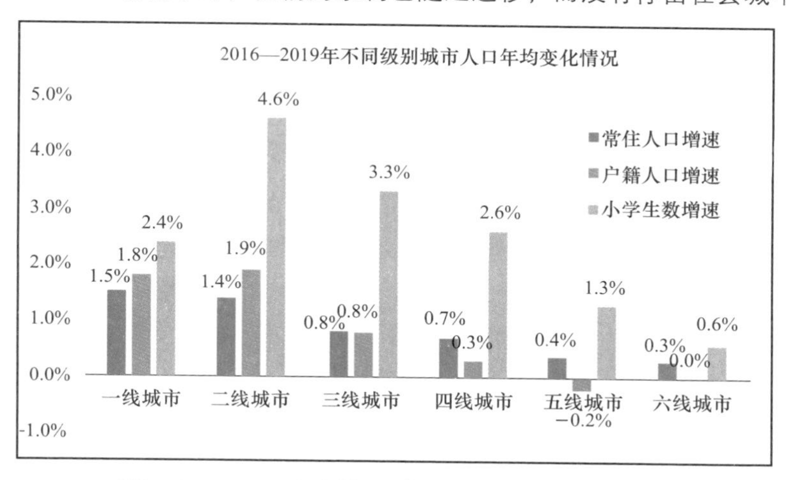


图2　2016—2019年中国不同级别城市人口年均变化情况

县城失去人口，尤其是失去年轻人之后，必然将失去活力。

那么为什么鲜有城市（尤其是县城）能安然停留在“小而美”阶段？为什么“抢人”的城市鲜有顾忌所谓的“大城市病”而停止？想清楚城市扩张背后的经济账，是县城应对城市极化发展前最应该做的事情！

**三、城市极化背后的经济账：为什么城市要扩张？**

首先必须澄清的一个概念——“大城市病”的叫法并不准确。城市发展中会出现交通拥堵、城市环境不佳、城市公共基础设施负担过大等“城市病”。但是城市规模和“城市病”之间没有必然的因果联系。并不是城市规模越大，就越容易出现“城市病”。

① 根据恒大研究院对我国 2 000 多个县市区的“一二三四线城市”划分标准：一线城市：北上广深 4 个，2016 年 GDP 在 1.9 万亿元以上。二线城市：为多数省会城市、计划单列市及少数发达地级市辖区，共 32 个，除部分实力稍弱，但区域中心地位突出的省会城市市辖区外，二线城市 GDP 多在 3 500 亿元以上。三线城市：GDP 多在 1 000 亿元以上的弱小省会城市和部分较强的地级市辖区，以及少数实力突出的县级市，共 66 个。四线、五线、六线城市：分别为 GDP 在 400 亿元以上、150 亿元以上、150 亿元以下的其他城市，主要是较弱小的地级市辖区、县级市及县，个数分别为 254、633、1 195。

以交通为例，很多人认为，被戏谑称为“首堵”的北京一定是交通状况最差的中国城市。但是《高德地图：2020 年 Q3 中国主要城市交通分析报告》[①]显示，在被检测的 25 个全国主要城市中，拥有常住人口为 2 154.2 万人、机动车保有量超过 600 万台的超级大都市北京，交通健康指数为 52.66%，排名第 17；而常住人口为 432.3 万人（约为北京人口数量的 1/5）、机动车保有量不到 200 万台（约为北京机动车数量的 1/3）的贵阳，交通健康指数却低于北京，为 50.12%，排名第 20。

再如，很多人会认为山清水秀的“长寿之乡”广西巴马，比起空气质量不佳、居住拥挤的大城市而言，人均预期寿命一定会更长。但实际情况是巴马的人均预期寿命只是和全国平均预期寿命持平，为 76 岁；而全国人均预期寿命最长的城市是上海！ 2018 年，上海的人均预期寿命为 83.63 岁，而北京的人均预期寿命也高达 82.15 岁。

实际上，只有“城市病”，而没有特殊的“大城市病”。出现“城市病”，与城市的管理体制、财政和资源分配体制有关，与城市规模没有必然关系。“大城市病”的叫法有失公允，甚为偏颇。而且，城市规模越大，越容易克服“城市病”，越容易创造出更多的财富。这也是城市极化发展的核心动力。究其根本，尽可能地“扩张规模”，尽可能地“吸纳年轻人”，其背后是一笔“经济账”。

特别要指出的是，**搞清楚城市扩张背后的“经济账”，不仅对大城市很重要，而且对县城非常重要。县城只有透彻地理解所失去的，才有可能在未来赢得发展机会。**

### 1．规模即未来——为什么城市要极力扩张规模

正如在文章一开始就提到的，城市是经济要素的聚集体和承载空间。**城市极力扩张的背后动因在于，越是扩大规模，城市发展越“合算”。**

**（1）城市随人口聚集规模的扩大而收益递增。**

复杂性科学研究中心圣塔菲研究所前所长杰弗里·韦斯特在他所写的

① 报告社：《高德地图：2020 年 Q3 中国主要城市交通分析报告》，https://www.baogaoshe.com/report/1463867449811267558.

《规模——复杂世界的简单法则》[1]一书中指出：城市的基本特征，即社会活动和经济生产率将随着人口规模的扩大而系统性提高。这一伴随规模扩大而出现的“系统性”附加值奖励被经济学家和社会学家称为“规模收益递增”，而物理学家则会视同更加时髦的术语——“超线性规模缩放”（superlinear scaling）！**通俗的说法就是：城市越大，才会越有效率，才会越繁荣**。

如图 3 所示，具体的数值对应关系为：城市人口规模与城市基础设施（如加油站、医院、学校等）规模之间的增长呈亚线性关系，标度指数 $\beta$=0.85；城市人口规模与城市产出规模（如 GDP、创新成果、专利数量等）之间的增长呈超线性关系，标度指数 $\beta$=1.15。根据上述对应关系，我们不妨代入中国城市量级中进行对比，简单算一笔账。

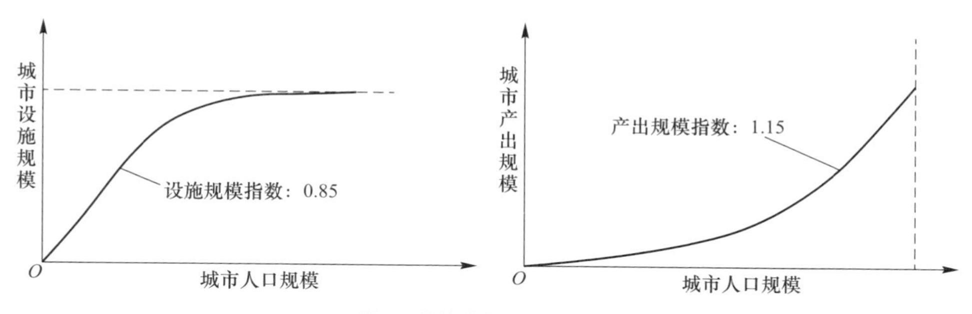


图3　具体的数值对应关系

按照国务院印发的《关于调整城市规模划分标准的通知》中的规定，城区常住人口在 50 万以下的城市为小城市；城区常住人口在 100 万以上 500 万以下的城市为大城市。为了计算方便，我们将这两个等级的城市抽象为一个 500 万人口城市和一个 50 万人口城市进行对比。

两个城市之间的人口规模是 10 倍关系。基于这个 10 倍的人口倍数，可以推算出：在基础设施方面，两个城市的倍数关系相差 $10^{0.85}$，大概是 7 倍；带来的产出倍数相差 $10^{1.15}$，大致为 14 倍。如此推算，虽然人口扩增 10 倍，但是带来基础设施投入的增加并没有达到 10 倍（只扩大 7 倍），而城市获得回报却

① ［英］杰弗里·韦斯特．规模——复杂世界的简单法则［M］．张培，译；张江，校译，北京：中信出版社，2018：19。

超过10倍（扩大14倍）！城市当然愿意扩增人口规模！这不仅仅是在数学模型中的“纸上谈兵”，在现实城市发展中，也同样遵循着“规模即未来”的发展规律。

**（2）城市越大越好，这是世界城市发展的普遍规律。**

纵观全球，要素向大都市聚集已经成为未来趋势。在亚洲，世界级城市——东京以0.6%的土地承载了日本10%的人口；东京都市圈3 728万人口，占全国35.11%；东京GDP占日本GDP的19.5%[①]。像美国三大城市群，即大纽约地区、五大湖地区、大洛杉矶地区所创造的GDP占全美国的60%～70%；日本的大东京地区、大阪神户地区、名古屋地区创造的GDP占全日本70%左右[②]。2005—2017年，在全美创新产业经济增长额中，波士顿、旧金山、圣荷塞、西雅图、圣地亚哥五大“科技重镇”占比超过90%。同时，上述城市的创新产业就业岗位数，也从全美占比17.6%上涨到22.8%[③]。

在欧洲，即使是被奉为中小城市体系圭臬的德国，人口也在向大城市聚集。这一发展状况的赢家主要是德国大城市和大都市地区的“通勤带”。具体而言，人口研究学者预计，德国乡村的居民越来越老龄化，而城市人口越来越年轻化。到2030年，像柏林、汉堡等大城市的人口将最多增长10%[④]，美因河畔法兰克福等城市的人口也有了显著而持续的增长。

**（3）城市越大越好，这也是中国城市发展的趋势。**

不仅是国外的城市，而且未来中国的城市发展都将如此。2020年10月，中共中央《关于制定国民经济和社会发展第十四个五年规划和二〇三五年远景目标的建议》提出，“发挥中心城市和城市群带动作用，建设现代化都市圈”。同月，习近平总书记在《国家中长期经济社会发展战略若干重大问题》中提道，“增强中心城市和城市群等经济发展优势区域的经济和人口承载能力”。由此

① 根据日本总务省统计局数据整理得出。

② 人民周刊：《以城市群推动形成高质量发展的区域经济布局》，http://paper.people.com.cn/rmzk/html/2020-11/17/content_2018788.htm.

③ 中国科技网：《胡定坤：新建创新生长中心，弥合地区科技差异》，http://stdaily.com/guoji/shidian/2019-12/23/content_846111.shtml.

④ 数字德国：《大都市的新发明》，https://www.deutschland.de/zh-hans/topic/shenghuo/shehuiyurongru/dadoushidexinfaming.

可见，以中心城市带动的都市圈和城市群，将是中国发展的战略重心。

实际上，在此之前，关于“要素自由流动”的相关政策就已经出台。这使得已经“极化”的城市发展过程进一步明朗化。2020 年 3 月 30 日，国务院发布了《关于构建更加完善的要素市场化配置体制机制的意见》，明确提出要促进要素自主有序流动，分类提出土地、劳动力、资本、技术、数据五个要素领域的改革方向和具体举措——推进土地要素市场化配置：建立健全城乡统一的建设用地市场；深化产业用地市场化配置改革……引导劳动力要素合理畅通有序流动：深化户籍制度改革。

在此政策公布不久，2020 年 4 月 3 日，《国家发展改革委关于印发〈2020 年新型城镇化建设和城乡融合发展重点任务〉的通知》明确指出：督促城区常住人口 300 万以下城市全面取消落户限制；推动城区常住人口 300 万以上城市基本取消重点人群落户限制；鼓励有条件的 I 型大城市全面取消落户限制；超大特大城市取消郊区新区落户限制。

**可以说，上述政策无疑为今后大城市的“抢人”带来了政策支持。以行政手段抑制城市极化的时代已经结束。**

### 2．年轻即未来——为什么要争抢年轻人

我们一直在说城市之间的“抢人”。如果仔细看看各个城市的优惠政策，会发现大家所争抢的核心是年轻人！最直观的理解就是吸引年轻人能为城市带来充足的劳动力。说到底，这依旧是一笔经济账。那么，城市大力吸引年轻人，到底合算在哪里?

**（1）城市的社会保障要靠年轻人。**

如果没有足够多的年轻人，城市的社会保障就要面临很大的经济压力。最典型的就是养老保险抚养比问题。养老保险抚养比是指在职人数与退休人数的比值。在职人数越多，就意味着缴纳养老保险金的人数越多；退休人数越多，则意味着领取养老保险金的人数越多。

在现行制度框架下，全国企业职工基本养老保险基金预计到 2029 年当期将出现收不抵支，到 2036 年左右累计结余将耗尽；企业职工基本医疗保险统筹基金预计在 2024 年出现累计赤字。如不实施延迟法定退休年龄政策，养老保险抚

养比将从 2019 年的 2.65 ∶ 1 下降到 2050 年的 1.03 ∶ 1[①]。目前，东北三省的养老保险抚养比约为每 1.5 个在职人员供养 1 个退休人员[②]，政府已经担负了很大的经济压力。

但是，未来要想吸引年轻人也并非易事。从图 4 美国鲁金斯研究院绘制的中国人口变迁预测[③]可以看出，年轻人未来也会成为一种“短缺资源”。所以，各个城市都必须使出十二分的力气，努力吸引年轻人，才可能避免目前已经在东北三省发生的养老保险抚养比问题。

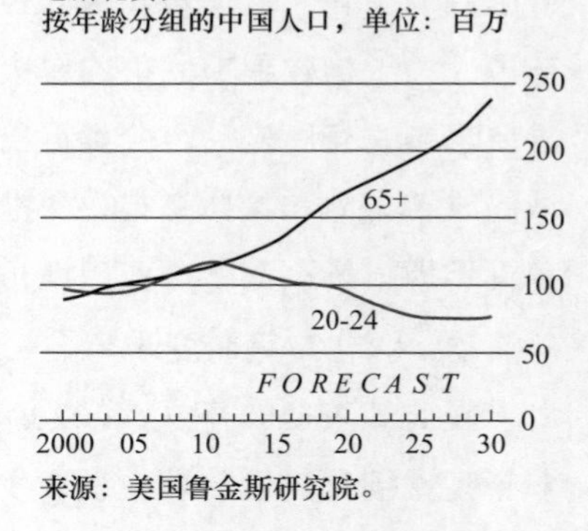


图4　中国人口变迁预测

**（2）城市的创新发展要靠年轻人。**

需要澄清的是，无论城市级别大小，科技创新对于每个城市都非常重要。科技创新不是大城市的专属。中小城市尤其是县城要想在产业上有所发展，必须重视科技创新。在《中小城市的产业逆袭》[④]一书中，对于地级市、县级市及县域发展科技的重要性与如何发展科技产业已经进行详尽阐述，在本文中对此不再展开叙述。

要想发展科技产业离不开年轻人，因为他们是科技创新的主力军！《第四次全国科技工作者状况调查报告》显示，2017 年，我国科技工作者平均年龄为 35.9 岁。其中 35 岁以下占 48.8%，2017 年与 2013 年相比，平均年龄下降了 0.9 岁，35 岁以下的比例增加了 3.1%。2020 年 3 月 30 日，脉脉发布《互联网人才流动报告 2020》[⑤]。从图 5 中可以看出，在全国二十个头部科技企业中，只有四个企业（滴滴出行、华为、阿里、新浪）的平均年龄超过 30 岁。越

① 共产党员网：《〈党的十九届五中全会《建议》学习辅导百问〉86. 为什么要实现基本养老保险全国统筹，实施渐进式延迟法定退休年龄？》，http://www.12371.cn/2021/01/25/VIDE1611565441782800.shtml.

② 新浪新闻：《任泽平：中国人口大迁移 3 000 个县全景呈现》，https://finance.sina.cn/zl/2020-12-24/zl-iiznezxs8591382.d.html?wm=3049_0032.

③ 铭心而论：《“我思我在”城市化进程中的教育》，https://mp.weixin.qq.com/s/C8L_r8p7EbFRCRzhdNmAdg.

④ 华高莱斯国际地产顾问（北京）有限公司 · 中小城市的产业逆袭［M］. 北京：北京理工大学出版社，2020.

⑤ 千龙网：《脉脉人才报告：字节跳动和拼多多“最年轻”，员工平均年龄 27 岁》，http://china.qianlong.com/2020/0331/3923149.shtml.

是新崛起的科技公司，如快手、拼多多、字节跳动（今日头条的母公司），平均年龄越低。不仅国内如此，国外科技公司也是如此。根据美国薪酬调查机构 PayScale 的数据，2018 年苹果公司的员工平均年龄为 31 岁，Google 为 30 岁，Facebook、Linkedin 为 29 岁。

所以，吸纳年轻人不仅是找到劳动力的问题。要想创造更多财富，必须依赖科技；而科技的创富奇迹是以“奋斗的青春”为前提的。

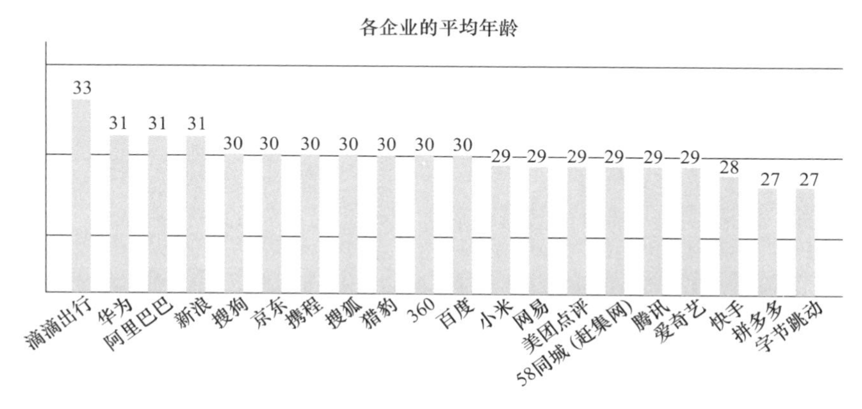


图5　各企业平均年龄

数据来源：脉脉数据研究院　统计周期：截至2020年2月14日

**（3）城市刺激经济要靠年轻人。**

科技创富可以拉动经济，刺激消费同样是拉动经济的重要手段。刺激消费是促进未来中国经济发展的重要手段之一。2020 年 3 月 13 日，国家发展改革委等二十三部门联合印发《关于促进消费扩容提质加快形成强大国内市场的实施意见》。2020 年，各个城市也都通过发放消费券、电子红包及鼓励地摊经济的方式提振商业消费。通过刺激消费来刺激经济，年轻人同样重要！因为他们同样是城市消费的主体人群！

尼尔森（Nielsen）新发布的《2019 中国年轻人负债状况报告》[①]显示，社会主流消费人群逐渐从“70 后”/“80 后”向“90 后”/“00 后”快速转移，年

① 中国软件资讯网：《90/00 后渐成消费主力：年轻市场或为品牌营销关键突破点》，http://m.cheaa.com/n_detail/w_567546.html.

轻群体个性化的消费特质开始主导市场。以海尔旗下年轻品牌 Leader 为例，仅 2019 年一年时间，中国年轻消费者就在这个品牌上花了超过 100 亿元人民币。从消费增速来看，2016—2019 年人口净流入排名靠前的城市中，深圳、杭州、长沙社会消费品零售总额累计增幅均达 19% 以上，长沙更是高达 27.4%[①]。

所以，无论从降低城市社会保障负担的角度还是从促进城市经济发展的角度，“得青年者，得天下”！

综上所述，城市极化过程就是城市经济最大化的过程。在这样的过程中，“小城”未必能持久地“美”下去，但具有足够规模优势的“大城”可以同样做到“美”且“大而强”。基于此，我们回顾开篇所提到的“撤县设区”和“抢人大战”两个城市极化现象，会发现大城市对县城发展空间的挤压不会停止，还会加剧。未来中国大部分的县城面临着“非生即死”的命运挑战！

## 第二部分：直面挑战，县城将何去何从？

### 一、城市极化发展中县城的求生之路——抓紧乡村振兴机遇，挖掘放大相对优势

2021 年 2 月 21 日，新华社发布了《中共中央 国务院关于全面推进乡村振兴加快农业农村现代化的意见》[②]。其中明确提出：“……强化县城综合服务能力，把乡镇建设成为服务农民的区域中心，实现县乡村功能衔接互补。……推进以县城为重要载体的城镇化建设。”显然，2021 年中央所提出的“全面乡村振兴”和这种“以城带乡”的新型城镇化发展，给县城带来了新的发展机遇。

在本篇之后的文章中，我们将独立开辟文章阐述，县城如何利用自身“链接乡村与更大城市”的特殊性，“以城带乡”“以工补农”壮大自己，此处不再展开叙述。这次机遇对于县城而言，当然是一次“求生”甚至“逆袭”的好机会！但要想把握住如此良机，还要靠县城充分认知自己的特点，找到自身的特点和时代机遇之间的契合点。归根结底，机遇面前“县县平等”，谁的挖潜能力强，

① 恒大研究院：《中国人口大迁移的新趋势》，http://pdf.dfcfw.com/pdf/H3_AP202008131398339483_1.pdf.

② 中华人民共和国中央人民政府：《中共中央 国务院关于全面推进乡村振兴加快农业农村现代化的意见》，http://www.gov.cn/zhengce/2021-02/21/content_5588098.htm.

谁才能“借得东风”。

那些善于挖掘自身“相对优势”，并能充分“放大相对优势”的县城，最有可能在“以城带乡”“以工补农”的过程中，实现对农村人口的有效吸引，在推进城镇化的过程中壮大自己，反之，乡村人口则有可能直接越过县城，向区域中更高能级的中心城市聚集。

有两种具有“相对优势”的县城最有可能抓住机遇脱颖而出：一种是那些靠近大都市的县城，通过放大自身距离大都市近的优势最终得以壮大，我们称之为“小卫星”式县城崛起；另一种是那些远离大城市的县城，通过自我抢夺腹地最终发展为区域中心，我们称之为“小恒星”式县城崛起。下面分别就这两种县城崛起模式进行详细阐述。

### 1. 做“小卫星”——紧密围绕大都市，放大自身的距离优势

这些能够崛起的“小卫星”式县城，具有紧邻大都市的距离优势。它们与大都市核心区的距离通常不会超过 100 千米。它们抓住与大都市郊区地理空间无异，但各项经济成本相对更低的“相对优势”，紧紧依附大城市，瞄准大城市的人群和资源，承接大城市的人口、产业和创新外溢。有的发展成为卫星城市，有的成为强势产业城市或文旅休闲城市。**这种“小卫星”式县城的特点可以归纳为以下三点：**

**（1）“强依附”：紧密依托大城市运行。**

**（2）“高感应”：近距离快速感应大城市动态。**

**（3）“能反光”：接收大城市的资源辐射。**

国内大部分经济百强县是通过依附大城市而崛起的。赛迪顾问县域经济研究中心编制的《2020 中国县域经济百强研究》显示，50% 以上的百强县位于大城市及周边。另外，根据中国信息通信研究院发布的《2020 年中国工业百强县（市）发展报告》数据，百强县（市）大多依托中心城市辐射发展，可划入城市群或经济圈的多达 96 个。

在中国沿海三大都市圈中，都不乏这种“小卫星”式崛起的县城。

（1）在京津冀都市圈，河北固安距离北京 50 千米。它充分发挥区位优势、依靠北京承接产业转移，来自北京的项目占总数的 80%以上，项目总投资占投

资总额的80%[①]以上。

（2）在长三角都市圈，苏州昆山距离上海67千米。它依托上海成为中国百强县之首，始终致力于主动“融入上海、配套上海、服务上海”，当年建设花桥国际商务城就是“不是上海，就在上海”，而如今依托上海创新，正在成为光电、半导体、小核酸及生物医药、智能制造等高端产业创新地。

（3）在大湾区，惠州博罗县距离深圳70千米。它抢抓高铁机遇、全面对接深圳产业辐射，重点承接珠三角核心区电子信息、汽车零部件等产业转移，是珠三角关注度最高的宜居城市之一，也是广东仅有的一个百强县。

2020年11月3日公布的《中共中央关于制定国民经济和社会发展第十四个五年规划和二〇三五年远景目标的建议》明确提出，“优化行政区划设置，发挥中心城市和城市群带动作用，建设现代化都市圈”。可以说，中国城市发展进入新的发展阶段。当新的极化城市出现、新的都市圈形成时，在其周边的县城就有可能成就“小卫星”式县城的崛起！

**2．做“小恒星”——成为自发光的区域中心，放大自身的势能优势**

能够成为“小恒星”式崛起的县城，一般并不在大城市辐射范围内，甚至地处省界边缘。它们很难依托大城市，往往通过争抢自身周边的腹地资源进行自我发展。这些县城通过努力逐步成为小区域的人口或经济发展高地，形成在一定范围内的辐射带动作用，最终实现边缘逆袭，成为区域的中心。**这种“小恒星”式县城的特点可以归纳为以下几点：**

**（1）“自发光”：弱依附大城市，能离心。**

**（2）“高能量”：小轨道范围内的能量高地。**

**（3）“能吸附”：实现对周边资源的自聚集。**

到底应该成为什么样的“小恒星”呢？是某个区域中的产业高地、城市服务高地还是文化高地？在本篇文章之后，同样会有单独成篇的文章进行阐述。但是无论如何确定自身的中心定位，要想成为“小恒星”式的县城，都需要精确地划定自身的经济腹地范围，都需要有“跨界”思维，即不要受到行政区划

① 廊坊市人民政府：《固安县依托北京促进县域经济发展》，http://www.lf.gov.cn/Default.aspx.

的限制，要充分挖掘县城的经济地理属性，重新建立以自身为中心的坐标系。实际上，在已经成功成为“小恒星”式县城中，有很多都是地理位置位于省域边缘的县城。它们突破行政区划的分隔，形成跨省吸引，成就了以自身为中心的范围经济区。我们来看以下两个典型案例。

江苏沭阳：地处苏北，靠近山东，距离宿迁 55 千米，距离淮阴 68 千米，距离连云港机场 60 千米。以“沭阳速度”建设区域次中心城市，连续 8 年跻身全国百强县；沭阳瞄准区域腹地，推进物流、教育、商业、创业孵化四个中心，兴建苏北教育高地；在做大花木传统产业的同时，积极对接长三角新兴产业，成为先进产业基地。最终在 2012 年位居全国百强县第 57 位的沭阳在 2019 年跃升至第 39 位。

河南长垣：地处河南与山东交界，距离新乡 80 千米，距离开封 70 千米，距离菏泽 90 千米。长垣原来是两省交界的“零资源县”，现在已经成为“自生长”的区域高地。长垣曾经是贫困县和三类县，通过大力实施人才计划，做大教育，构建职教名片；通过做大优势产业，长垣在起重机械、防腐等领域都形成了明显的市场占有率优势，成为著名的“中国起重机械名城”“中国防腐蚀之都”。2017 年度县（市）经济社会发展考核，长垣名列河南省第一。

沭阳和长垣的成功无疑都是建立在打造产业高地的基础上。但是地缘地理的因素也不容忽视。沭阳、长垣，它们或在苏北与鲁西南交界处，或在豫东地区与鲁西交界处。虽然苏鲁豫三省行政区划不同，但是交界区域乡音相近，民俗相同。这种共同的文化背景，使得沭阳或长垣有可能突破省域界限，成为跨省经济区域中心。其实正是由于中国行政区划的特点，很多县城与上述两个城市类似——都处在这种“行政单元不同，但是人文地理同属一处”的省域交界区域，也存在跨省建立自身经济腹地的可能性。

中国在行政区域的划分上，自古以来遵循两个原则——“山川形便”和“犬牙相入”。

所谓“山川形便”，是指以山川河流为界，划分行政单元。这种划分方式使得独立的地理单元与行政单元重叠。但是，这种“山川形便”的省份或地区在中国并不普遍，比较典型的有海南、台湾、山西、江西。前两个因为属于与大陆隔离的岛屿，地理单元独立性很高；山西通过黄河、燕山山脉和太行山脉，形成与周边省份的天然分隔；江西西部以幕埠山和罗霄山与湖南分隔，南部以南岭（大庾岭）—九连山与广东省分隔，东部以赣东北丘陵—武夷山与浙江省及福建省分隔，北部以长江与湖北及安徽分界，群山与大江把江西分隔为一个独立的地理单元。

为了避免形成地方割据，中国大部分行政区划一般都遵循“犬牙相入”原则，即打破地理单元，各个省份之间的人文风貌都是你中有我，我中有你，相互之间“交错”。这种“犬牙相入”是中国行政区域划分上的普遍现象。例如，陕南的汉中、安康，位于秦岭以南。它们虽然属于陕西，但是在地理气候上和四川无异；四川的阿坝、甘孜则是和西藏、青海一同站在中国地理第一台阶上，但四川大部分地区都处于中国第二地理台阶上。

如此看来，这种“超越行政边界，自我形成区域中心”的“小恒星”式县城，绝非个例。很多在省内处于边缘的县城，可以充分学习沭阳、长垣的经验，在寻找自身经济腹地时，积极转换坐标系：跨省拓展腹地，同样能够成为一定范围内的区域中心！

**总之，面对更高级别城市对县城在人口和空间上的挤压，有些县城依然可以在大浪淘沙中勇立潮头，在“非生即死”的选择中，通过放大相对优势，成为主宰自身命运的弄潮儿！**

## 二、逆境发展中，县城必须想好的三个问题

要想成为县城发展的赢家，到底应该如何放大相对优势？要想真正做到在城市极化过程中对抗更高级别的城市，形成对人口和经济要素的反向吸引，县城在行动前必须先梳理清楚以下三个问题。

### 1. “留量”VS“流量”，县城能留住年轻人吗？

在上部分“城市极化，县城所面对的一场‘非生即死’的命运挑战”中，我们已经详尽阐述了年轻人是城市吸纳的主力军。那么，县城是否比大城市更能留住年轻人？直言不讳地讲：非常困难！以县城的城市能级很难长久留住年轻人；把年轻人固化在规模有限的县城中，也不符合未来中国都市圈发展的趋势，更不符合城市极化发展的规律。

但是，“不能永久留住年轻人”不等于“不去吸引年轻人”。县城可以做到的是成为年轻人从乡镇走向更高能级城市的驿站！清华大学建筑学院教授、清华大学中国新型城镇化研究院执行副院长尹稚在《中国进入城市化时代》一文中提出：从农民到市民到中等收入人群的一分子，这往往需要代际交替才能完成。县城及小城镇在当下仍是享受城市生活方式、培训合格市民成本最低的聚居地……每年为了就学、就医、打工都会有大量的人群从农村进入县城，也会有同样数量甚至更多的人离开县城去更大的城市，所以，从统计上看县城的人口总量变化不大。有时稍减，有时略增，驿站特征明显。其优越的性价比使它成为许多城市新移民的第一个落脚点，也是城市新移民新人生的第一个培训站。它在人的一生及代际交替中经常会起到长短周期的驿站作用，这是所谓“落脚城市”与成熟城市的不同之处。

因此，作为驿站的县城，应关注自由人口流量，即

**自由人口流量＝本地人口自然增长＋外来人口输入－人口流失**

例如，只要单位时间内，水池中的进水量多于出水量，水池中的水位就会增长！**同理，只要保障县城人口的“进水量（本地人口自然增长＋外来人口输入）”>“出水量（人口流失）”，“人口池”中的“水位”就会增长，县城就会更加健康地发展！这种流动中的人口增长，可以称为县城人口的“水池模型”，如图 6 所示。**

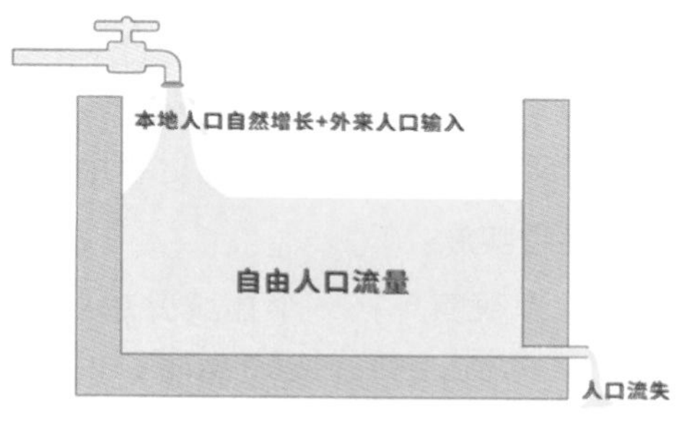

图6　水池模型

既然年轻人终究会走向大城市，那么县城的人口吸引重点就应该是“流量”而不是“留量”。充分想办法开源引人，才是县城人口政策的发力点！同样，既然关注的是“流量”，那么对待目前停留在县城中的年轻人，就应该是——**不求成才后长久“为我所有”，但求起飞前更好地“为我所用”！**

**基于“为我所用”的人才使用逻辑，对待县城中的年轻人，应该是“孵化逻辑”而不是“留人逻辑”**。具体而言，就像企业有生命周期一样，人才发展同样也有生命周期，如图 7 所示。假设年轻人会在能力最强的时期“能级跃迁”

到大城市，那么尽量让成长曲线冲高，不仅符合年轻人的诉求，还会给县城带来更大的人才价值收益！所以，县城不仅要充分利用好“起飞前”的人才价值，还应该为年轻人提供能力增长的孵化环境。这种“孵化逻辑”不仅可以有效地吸引年轻人，还能让县城得到更大的人才价值收益！

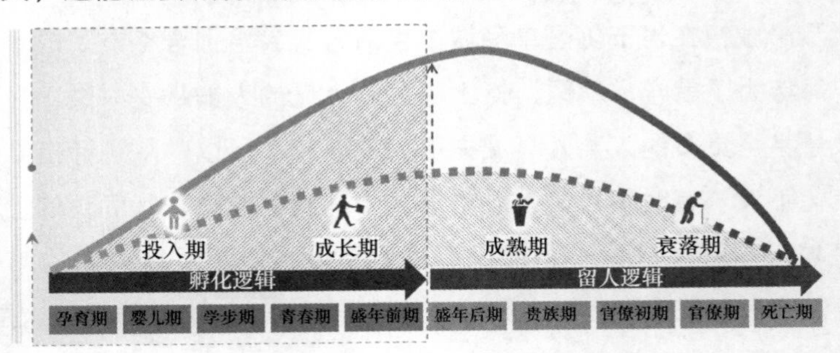


图7　孵化逻辑与留人逻辑

## 2．“安居”VS“乐业”，县城吸引年轻人的初始引力是什么？

从关注人口“留量”到做大人口“流量”，县城面临的下一个问题就是如何做大“流量”？要想做到“人口开源”，就必须搞清楚县城吸引年轻人的初始引力是城市生活还是生产就业。当然，城市生活和生产就业对年轻人而言都非常重要。但是**在具体实施过程中，显然以城市生活为初始吸引力，比生产就业更容易实施**。

道理很简单：一个县城要想对年轻人形成就业吸引力，就必须首先对企业形成产业吸引力。但是要想对生产企业形成吸引力，就要涉及企业的选址偏好、生产成本优势、税收优惠等条件谈判。尤其是对于那些科技企业而言，没有大学的县城是无法提供足够的人才供给的。这就更容易让县城陷入死循环——因为开始县城还没有吸引到足够的人才，所以找不到好企业；因为没有好企业，所以更没法吸引到年轻人。换而言之，一般的小县城想通过“乐业”带动“安居”，难度非常大。

通过提升城市生活品质，以“安居”形成对年轻人的初始吸引，则要容易得多。回顾前面所提到的：县城是年轻人进入城市发展的驿站，是他们感受与享受城市生活的落脚点。县城中具备了城市的各种基础设施，包括医院、学校、文化休闲设施等，而且比大城市具有更高的性价比。所以，凭借已有的城市基础进行城市品质提升，更容易操作，更适合作为吸引年轻人的初始引力。

需要特别提醒的是，县城的城市品质提升，**要做到的是“超品质”而不是“超规模”**。所谓超品质，是指打造出不逊于大城市的生活品质。这种超品质可以体现在城市环境、城市医疗服务水平、教育水平、商业休闲服务类别等和城市生活相关的方方面面。超品质体现的是县城政府对城市发展的前瞻性；它和政府在城市发展中投入的心血直接相关，但是和投入的资金没有直接关系。而所谓超规模，是指超过县城自身需求规模的城市建设投入。这种超规模的建设投入，往往会伴随着高风险——很容易因为使用率不高、人气不足，最终成为一种建设投入浪费。

因此，对于县城而言，应该通过超品质的城市生活供应，形成对年轻人的吸引，而不是简单地采取超规模的方式投入几个最终寂静无声的样子工程。

### 3．“分散”VS“集中”，县城最先从哪里干起？

为什么是超品质而不是超规模，再深一层的原因在于：有限！相比大城市，县城的城市空间有限，市场容量有限，经济规模有限，资金规模更有限！正因为县城的有限，不要指望一开始就让整个县城的角落都超品质，也不要奢望整个县城都能让年轻人眷恋不已。将有限的资金分散地投入县城建设的方方面面，最终的结果就是哪里都做不到超品质，方方面面都不能带来质的飞跃。所以，县城的品质提升不能“平均发力，全域开花”，而要集中发力，有重点地突破带动！

正所谓“好钢用在刀刃上”。**在有限的条件限制下，县城需要率先选定重点区域范围、重点城市服务方向，进行靶向提升**。只要县城有某个区域看上去明显高于县城的平均水平，只要县城的某几个方面城市服务水平超过县城的平均水平，那么就能让县城“看上去”有了提升，形成初始吸引力。随着年轻人的聚集，县城就可以不断滚动提升，最终实现真正的品质提升。

基于“集中发力”的发展原则，县城在城市品质提升的过程中，需要集中打造一片都市展示区。这个都市展示区犹如县城的一块“飞地”，可以和县城现有的一切都不一样。重要的是，它一定是一个高度浓缩的都市，让年轻人在这里感受到大都市的繁华；它一定是一个缩小版的“未来之城”，展示着县城的明天；它一定是一个功能复合的综合社区，将各种超品质的城市功能集中布局。

除上述特点外，都市展示区最重要的特点在于：它可以是县城现有城区，也可以是县城的新发展区，但它一定是城市的中心区——城市人气和功能最集中的区域是最容易实现提升的区域。还是因为县城的有限，所以，县城没有反复试错的资本，县城对年轻人的初始吸引力打造要的是“一击必中”。这种保证成功率的思考方式是县城品质提升的底层逻辑。

综上所述，**无论“小卫星”县城还是“小恒星”县城，都应该明白——县城在吸引年轻人的方式上，不可能套用大城市的方式。只有把握住上述三个核心原则，县城才能“基于县城的局限性，又能超越县城的局限性”，在城市极化中形成对年轻人的反向吸引力！**唯有如此，县城才有可能在城市极化过程中“抢到人”；唯有如此，县城才有可能在严峻的城市竞争中，面对何去何从的命运抉择，做到心中有数，从容应对。

## 第三部分：让“驿站”成为“梦开始的地方”——县城如何对年轻人形成吸引力？

在第二部分“直面挑战，县城将何去何从？”中，我们提道：在“抢夺年轻人”的城市之争中，县城的本质是年轻人的驿站。县城需要做的就是在与大城市的竞争中放大比较优势，扬长避短。那么作为驿站，县城应该如何吸引年轻人？这正是本部分内容所要回答的问题。

要想让县城形成对年轻人的“青和力”，就必须让它成为“梦开始的地方”：县城需要“缩小距离”——读懂年轻人，缩小他们与梦想之间的距离，为他们定制一座“梦想之城”；县城需要“放大优势”——看清自身的特点，放大年轻人所看重的优势，让县城具有不逊于大城市的魅力。为此，县城可以从以下四个方面发力。

### 一、精彩不落后——打造不输于大城市的繁华商业

县城的商业中心本该是城中人气最旺的地方，但是随着电商的冲击和人口的流失，很多县城的商业中心别说比肩大城市了，就连昔日的繁华都不复

存在。面对这种情况，县城应该从何做起才能打造不输于大城市的繁华商业呢？要想回答这个问题，我们需要剖析在互联网时代商业繁华的本质是什么。

### 1. 互联网时代，实体商业的核心价值不再是提供购物场所，而是营造社交场景

电商对实体商业的冲击已经非常明显和普遍。无论大都市还是小县城，传统百货商业都受到前所未有的冲击。随着电商不断下沉到四五线城市，网购已经成为人们日常消费的主要渠道。但是这并不意味着商业中心的消亡。实际上，大都市中的很多商业综合体依然是城市中心的人气聚集地，如大悦城、K11、太古里等。这些成功的商业综合体到底做对了什么？其成功的关键在于，这些商业中心的功能从“卖货”转向“社交”！尤其是那些针对年轻人的商业中心更是如此。商业中心提供给年轻人的是聚会场所。年轻人在聚会的同时，“顺便”购物。

可以说这些商业中心深谙著名建筑师、城市设计师扬·盖尔在《交往与空间》[①]一书中所揭示的“空间真理”——人和活动在时间与空间上集中是任何事情发生的前提，但仅仅创造出让人们进出的空间是不够的，还必须为人们在空间中活动、流连，并参与广泛的社会及娱乐性活动创造适宜的条件。所以，这种商业功能从“购物”迁移到“社交”，正是回归到人类对公共空间的本质诉求。这种具有普适性的空间诉求——不仅适用于大都市的商业中心，还同样适用于县城的商业中心。

县城打造不输于大城市的繁华商业，不是要求县城创造出比大城市更大的商业规模，打造一个大而无当的商业广场，而是要为年轻人提供和大城市商业中心一样的社交空间。县城的商业中心需要的不只是建设一个外观酷炫的“大盒子”，更在于内部可以提供符合年轻人社交需求的消费场景：这里是否有时尚洋气的约会场景？是否有呼朋唤友进行密室逃脱、电竞等组团游戏的场景？是否有网红美食？是否有“破圈”的二次元活动……如果县城的商业中心能够对上述问题交出让年轻人满意的答卷，那么也一定会对年轻人形成巨大的吸引力。

### 2. 互联网造就的“高线趋同化”，让县城中的年轻人的消费标准直接对标大都市

当县城的商业中心承担起年轻人的“社交空间”的功能时，也就引出了下

① ［丹麦］扬·盖尔. 交往与空间［M］. 4版. 何人可，译. 北京：中国建筑工业出版社，2002.

一个问题：大都市年轻人的社交生活模式是否适用于县城？同样的功能在县城同样能吸引到年轻人吗？答案是肯定的。因为互联网造就了消费人群的“高线趋同化”。具体而言，互联网的信息同步让县城的年轻人具有和大都市年轻人同样的标准要求！

2020 年 2 月，腾讯广告发布的《正在消失的壁垒——腾讯 2019 小镇新青年研究报告》[①] 指出：高达 63% 的三、四、五线城市青年曾在一、二线城市长期生活。小镇新青年（18 ~ 39 岁并生活在三、四、五线城市，小镇回流青年和小镇本土青年融合后的群体）在吃穿用住等各方面，都释放出与一、二线城市趋同的需求，即消费标准及审美要求逐步向一、二线城市看齐。他们的消费呈现出“高线趋同化”。

我们可以这样理解：互联网已经让所有年轻人在网络世界实现了“世界大同”，**县城的商业中心所要做的就是，将这种“世界大同”拉近到小镇新青年的身边——不必到大城市，就能感受到大都市的商业繁华，这对年轻人难道不是一种打动力吗？**

### 3. 强化人气“外显度”，率先制造繁华感

▲ 县城中的商业中心（华高莱斯　摄）

① 搜狐网：《正在消失的壁垒——腾讯 2019 小镇新青年研究报告》，https://www.sohu.com/a/358406099_759368.

县城毕竟不是大都市，要打造“不输于大都市的繁华商业”，县城的繁华商业和大都市的繁华商业是否存在区别？**从本质上说，县城的繁华商业不逊于大都市的是“商业浓度”和“商业品位”，而不是“商业规模”**。大都市可以有多个商圈，多点繁华；但是县城的繁华就是集中发力，将一点做足。

更为重要的是，县城的商业繁华比大都市更需要人气“外显度”！大都市本身人口基数就大，商圈的繁华程度，关键在于防止被其他商圈稀释；但是县城人口本身就不多，而且需要通过繁华来吸引人气，所以，“显得”繁华是真的繁华的前提！

商业中最朴素的道理就是：人们都喜欢扎堆，越是人多的商店/餐馆，大家越是喜欢去，于是人多的地方就越发生意兴隆。县城的商业也是如此，如何让人“显得很多”是人“真的很多”的前提。这同样需要在商业空间上进行营造。这种空间营造的核心就是“人为制造熙攘感”——通过空间的设计，让空间中不多的人看上去很多。如何能做到呢？其核心在于把握商业空间的“窄”与“亮”。

所谓“窄”，就是通过控制空间尺度，压缩空间，凸显人气。《建筑模式语言》中写道：“一个直径为100英尺（约30米）的广场，如果游人少于33名，就会显得空空荡荡。而只要有4人就可使一个直径为35英尺（约10米）的广场生气勃勃[①]。”所以对于县城商业中心，尤其是商业街的规模而言，“宁可窄一点不要宽一点，宁可短一点不要长一点”。

所谓“亮”，就是通过灯光照明的设计，让商业中心即使没有人，也能让人感到温暖不冷清，如著名的旅游城市——美国圣安东尼奥市。圣安东尼奥河城市段的滨水步道（River Walk）是城市中最重要的商业街区。城市对于该商业街区的灯光设计有着明确要求[②]，包括：在河道旁并且在河道上可以看到的外部阳台、门廊和檐篷应使用与60瓦白炽灯泡等效流明的光源；光线温度在2 500 K和3 500 K之间，光线颜色的显色指数超过80或更高等。

① ［美］克里斯托弗·亚历山大，等.建筑模式语言：城镇·建筑·构造（上）［M］.王听度，周序鸿，译.北京：知识产权出版社，2002：687页.

② 《圣安东尼奥市统一发展法规（UDC）》官方网站：https://library.municode.com/tx/san_antonio/codes/unified_development_code?nodeId=ARTVIHIPRURDE_DIV6RIDI_S35-674.01BUDEPRRI1TH6.

总之，要打造“不输于大都市的繁华商业”，县城要做的不是投入更多资金，而是巧花心思——精心设计，打造出令年轻人感到“不落后”的繁华商业，从而形成对他们的吸引力。

**二、城市有温度——营造比大城市更有人情味儿的城市环境**

**如果县城商业要做到的是“不输于”大城市，那么对于年轻人而言，县城还有什么能够“赢过”大城市的吸引力吗？有的！那就是比大城市更浓厚的人情味儿。**《正在消失的壁垒——腾讯 2019 小镇新青年研究报告》中提道：对于事业与生活平衡的考虑，促使年轻人从大城市回归县城。对于父母、家庭、工作压力、生活节奏、经济基础等多方面的考虑，都是促使小镇新青年回归家乡的原因。

这种温暖的“人情味儿”能否被“显性化”表达在城市环境建设中呢？能！人情味儿不仅可以显性地表达，而且人情味儿有一个非常明显的聚焦点——孩子。具体而言，相比一、二线城市，小镇新青年的结婚年龄更小[①]，理想的结婚年龄是 27.09 岁；而一、二线城市，理想的结婚年龄是 28.13 岁。与大都市青年相同的是，已为人父母的小镇新青年也始终想为孩子提供最好的生活环境。因此，县城可以首先以“儿童友好”为切入点，打造一个对年轻人、年轻家庭都具有吸引力的城市环境。

打造“儿童友好”城市虽然是一个涉及城市妇幼保健、教育、治安管理等各个方面的系统工程，但是“儿童友好”城市的打造起点并不高。即使是经济规模有限的县城也能做到。具体而言，虽然医疗、教育等方面的提升需要不少的资金投入，但是如公共场所中设置哺乳室这样的贴心设计完全可以结合各地推行的“厕所革命”一并进行；再如在公共场所提供免费童车，也是非常容易实现的。除上述措施外，找到儿童成长过程中的“痛点”并加以消除，更是打造“儿童友好”城市的方式之一。

例如，目前道路交通伤害是我国 1 ～ 14 岁儿童第二大伤害死因，仅次于溺水；在 15 ～ 19 岁青少年死亡原因里道路交通伤害则成为第一大伤害死因，占

① 搜狐网：《正在消失的壁垒——腾讯 2019 小镇新青年研究报告》，https://www.sohu.com/a/358406099_759368.

到了 53%[1]。因此，通过“限制机动车车速”“事故多发区评估监测”“设计儿童安全过街路径”“一盔一带（安全头盔和安全带）”等措施，都可以在资金投入不大的情况下，大大提升城市中的儿童交通安全，让整个县城成为年轻父母没有后顾之忧的儿童安全城市。

除打造“儿童友好”城市外，打造温情城市可做的事情还有很多。关键在于，需要县城真正站在小镇新青年的角度，设身处地地提供他们所需要的温暖。无须多言，一个有温度的县城显然比“举目无亲”的大城市更让人眷恋。

▲ 县城中的孩子们（华高莱斯　摄）

### 三、发展无障碍——提供比大城市更广阔的发展空间

在第二部分“直面挑战，县城将何去何从？”中，已经阐述了县城是年轻人通往大城市的驿站，吸引年轻人关键在于“流量”而非“留量”。对待县城

① 澎湃新闻：《道路交通伤害成儿童致死主因，“一盔一带”降低死亡风险》，https://www.thepaper.cn/newsDetail_forward_10230640.

中的年轻人，就应该采用“孵化逻辑”而不是“留人逻辑”。那么对于县城，如何孵化年轻人，让他们在前往大城市之前具有更大的能量，同时也能更好地为县城所用?

其中最为重要的一个方式就是，在县城打造教育高地，尤其是打造中高等职业教育基地!

**1. 职业教育，县城给乡镇年轻人提供的上升通道**

现在“小镇做题家”成为一个备受关注的社会名词。“小镇做题家”被用来形容出身乡村或小城市的某些学子：他们通过在乡镇中学残酷的“题海战术”考入大都市的名校，却又哀叹前途渺茫，通道受阻，自嘲不已。“小镇做题家”的现象虽然具有典型性，但是相对于中国年轻一代而言，并不具有普遍性。大部分出身乡村或小城市的年轻人，进城打工是他们的主流命运。实际上，这些没有成为“小镇做题家”的年轻人，更渴望学习。

从《正在消失的壁垒——腾讯 2019 小镇新青年研究报告》的数据看，62%的小镇新青年在过去三年曾报读自我提升课程。实现升学或考研、满足学习新知识的兴趣爱好、提升职业技能是排名前三的课程选择。所以，如果县城能够为年轻人提供良好的职业教育，让年轻人具有一技之长，这对于县城及周边乡村的年轻人都具有很高的吸引力。

而且，高等职业教育已经成为农村孩子接受高等教育的重要途径。根据《2016 高职教育质量年度报告》[①]，高职院校农村孩子的比重逐年上升，已经达到 53%。在宁夏职业技术学院，生源大部分来自西海固（就是口碑极好的电视剧《山海情》故事原型所在地）等相对落后地区；即使是属于大城市中的天津职业大学也有 70% 以上的学生来自农村家庭，户籍为天津的学生也大多来自天津周边的农村地区[②]。可以说，在一定程度上，职业教育就是民生工程。

职业教育可以为年轻人提供一条上升通道，让他们一技傍身，为进入大城市积累能力。对于那些希望成为“小恒星”式的县城而言，打造“职教高地”，更可以有效吸引周边县市的年轻人，形成教育人口的吸附；同时，职业教育是

① 新华网：《2016 高职教育质量年度报告发布》，http://www.xinhuanet.com/politics/2016-07/17/c_129152014.htm.
② 黄达人，等. 高职的前程［M］. 北京：商务印书馆，2012.

帮助县城周边贫困乡村“扶贫先扶智”的有效方式，是重要的民生工程和扶贫项目，也是乡村振兴中“以城带乡”的重要途径之一。

2. 职业教育，助力县城利用人才，推动产业发展

良好的职业教育不仅可以为县城及周边乡村的年轻人提供一个更广阔的上升通道，还能够为县城的产业提升提供有力的人才支持。在《中小城市的产业逆袭》[①]一书中，我们详细介绍了江苏太仓通过“对接德企，打造职业教育”，成功吸引不少德国企业在太仓发展的案例。可以说，有了良好的人才储备，将极大地帮助县城引来优秀的企业，带动县城产业的提升发展。

其实，很多县城中都有职业教育，但是为什么很多县城的职业教育并没有起到帮助年轻人上升的通道作用呢？这是因为，很多县城内的职业教育所教授的知识不仅是过时的，而且与当地企业需求脱节。实际上，“立足地方，服务企业”是中小城市职业教育的核心本质。很多县城职业教育的问题在于：培养的是“只会动手”的初级技工，他们能够胜任的仅仅是工厂流水线工人的职位。甚至，这种流水线上的工作在工厂里培训三个月就可以上手。这种职业教育还谈不上真正服务企业。

从企业角度看，很多企业都有自身的研发设计中心，也容易招到流水线工人。企业在生产过程中最需要的，也是最关键的环节，是把工程师的设计变成生产工艺的中间环节。在这个环节，需要有人对上能听懂工程师的设计理念，对下能组织现场生产，指挥工人。这就是流水线主管的核心职责。真正有吸引力和提升力的职业教育在于，能够为企业提供“既能动手，又会动手”的流水线主管。如果县城的职业教育能够提供高阶技术培训，不仅能够更好地引来企业，还能真正让年轻人拥有更宽阔的上升通道。

总之，职业教育是县城吸引年轻人并孵化培育产业技术人才的重要途径之一，也是县城能够提供给更多年轻人进入大城市之前最好的能力积累方式之一。这些都是作为驿站的县城比大城市更有优势的地方。

① 华高莱斯国际地产顾问（北京）有限公司. 中小城市的产业逆袭［M］. 北京：北京理工大学出版社，2020.

▲县城中的职校（华高莱斯　摄）

## 四、记忆有回响——塑造可以比肩大城市的文化自豪感

**塑造本地的文化自豪感，有助于凝聚起新进入县城的年轻人。**更为重要的是，县城树立文化自豪感，有助于对那些走出县城的年轻人形成感召力。他们虽然不再回到县城发展，但是他们可以为县城带来新的发展机遇。现任宁夏书记、原河南省省长陈润儿就提出过“把老乡当老外，把民资当外资”的招商新理念！

作为县城，要想形成感召力，不能变成“掉书袋子，钻故纸堆”——这很容易走入“有说头儿，没看头儿”的文旅营造误区；回归初心，县城的文化感召力是对外部的“年轻人”打造的吸引磁极。因此，文化感召力要成为年轻人感兴趣的城市旅游体验。在《中小城市的产业逆袭》[①]和《未来十年的旅游》[②]两本书中，分别就发展旅游对中小城市提升吸引力的重要性进行了阐述。在本书中，还将有《从“文旅融合”到“城旅融合”——招商视角下的县域旅游发展》《让生活成为风景——县城生活吸引力营造》《“大美食”成就“小县城”》三篇文章就县城的旅游如何起到“招商”“引人”进行具体说明，这里不再赘述。

无论选择何种文化资源进行文化自豪感的打造，对于县城而言，一定要明

① 华高莱斯国际地产顾问（北京）有限公司. 中小城市的产业逆袭［M］. 北京：北京理工大学出版社，2020.

② 华高莱斯国际地产顾问（北京）有限公司. 未来十年的旅游［M］. 北京：北京理工大学出版社，2020.

白为什么强调本地文化，以及如何强调本地文化。为此，在文化自豪感的塑造上应注意以下两个方面。

### 1. 发展县城旅游，核心目的在于城市品牌的塑造

发展县城旅游，不一定要把县城的旅游资源转化为支撑城市发展的强产业。实际上，县城中的旅游资源很少能支持高能级的旅游产业。县城一定要把握一个重要原则：发展旅游，目的是提升城市影响力和认知度，从而构建起城市品牌！为此，县城所要做的并不是打造“旅游景点”，而是“城旅一体”，即将城市的商贸、文化、生态、城乡建设等进一步融合，推广自身城市品牌，推广城市人文气息，做大城市认同。城旅一体发展是“宜游宜居宜业”的城市品质提升过程。

### 2. 美食不仅是乡愁，还是最鲜活的城市品牌

在文化自豪感的塑造中，美食是不可或缺的环节。作为饕餮大国，中华大地的每个县城都有自身独有的美食，都是吸引新人和牵动故人的最佳磁极。而且随着图片社交时代的到来，美食图片和美食视频已经成为重要的社交载体与传播媒介，美食是最鲜活的城市品牌。

将美食当作城市品牌来塑造时，特别应注意“本土美食的出海”和“国际美食的落地”。

很多地方都认为本土美食很有特色，但是“土得上不了台面”，不如其他的文化资源更有文化品位。其实，“土”与“不土”并不重要，好吃且能形成文化共鸣，就能打动人心。“驴肉火烧”是河北省很多县市都有的一种小吃。大部分人可能觉得这绝对不是什么大菜。但是，“驴肉火烧”已经成为很多外国人美食地图上的重要组成。他们不仅把“驴肉火烧”翻译为“驴肉汉堡”（Donkey Burger），而且发明了一种驴肉火烧的新吃法——驴肉火烧配勃艮第红酒。不仅如此，主打保定驴肉火烧的连锁店“DonHot 噹哈驴火”，其创始人王鑫新不仅拿到了 1 000 万元天使轮融资，而且把驴肉火烧品牌开设到了意大利米兰[①]。不难看出，乡土的美食同样可以给小地方带来大传播。

① 亿欧：《独家丨乘嘻哈风而起，DonHot 噹哈驴火完成 1 000 万元天使轮融资》，https://www.iyiou.com/interview/2017091555314.

▲ 县城中的美食（华高莱斯　摄）

“国际美食的落地”对县城更为重要。因为这是县城给年轻人带来都市感的重要标志。实际上，很多一直以来被认为属于都市的国际品牌已经开始下沉。早在 2019 年，星巴克就宣布：公司计划于 2022 年之前，将全国门店数量扩张至 6 000 家，入驻 230 个城市。这也就意味着，未来几年内，星巴克每年开店数量将超过 600 家，将更多下沉到中小城市[①]。从星巴克的发展计划中不难看出：那些在大都市周边的县级市，以及沿海经济强省中的县级市，都有可能成为国际品牌优先入驻的区域。例如，星巴克已经入驻昆明下辖的县级市安宁市；在浙江省，星巴克则入驻了慈溪和余姚。所以，那些希望成为“小卫星”式县城的县城，应该积极对接这些国际品牌，塑造自身不输于大都市的文化自豪感。

**综上所述，无论县城如何打造，关键在于让“驿站”成为年轻人“梦开始的地方”，这是县城在“非生即死”的城市极化过程中，最要紧的发展出路！**

① 每经网：《星巴克将下沉三四线城市 每年开店超 600 家》，http://www.nbd.com.cn/articles/2019-04-17/1322291.html.

▲ 以城带乡，县城发展的时代新机遇（图片来源：全景网）

# 以城带乡，县城的价值机遇

文 | 瞿　晶　高级项目经理

## 一、以城带乡，是县城未来发展的重要使命，更是重要机遇

正如开篇中所提到的，在城市极化的挑战下，县城难免会发出灵魂一问："我，还有机会吗？"县城该如何立身，如何更好地为自己创造价值，是未来县城经济发展不得不解的关键命题。就在这"非生即死"的关口前，县城迎来了一个极其重要的时代机遇：

2021 年 2 月发布的《中共中央 国务院关于全面推进乡村振兴加快农业农村现代化的意见》第十九条中明确提出"……强化县城综合服务能力，把乡镇建设成为服务农民的区域中心，实现县乡村功能衔接互补"[①]。中央发布的《中华人民共和国国民经济和社会发展第十四个五年规划和 2035 年远景目标纲要》第七篇《坚持农业农村优先发展 全面推进乡村振兴》中明确提出"强化以工补农、以城带乡，推动形成工农互促、城乡互补、协调发展、共同繁荣的新型工农城乡关系……"[②]。

如何抓住这次难得的发展机遇？县城必须首先读懂这次机遇的由来。

过去，在大城市主导的城镇化道路下，我国城镇化率经快速发展后已达到 60.9%（2019 年），但同时也造成了我国城乡发展不平衡的问题日益突出。而随着我国进入城镇化中后期，县城作为城乡融合发展的关键纽带，"推进以县城为重要载体的城镇化建设"成为中央关注的重中之重；与此同时，我国城镇化率与发达国家的 80% 仍有较大差距，且从世界其他国家的经验来看，城镇化率达到 60% 后，至少还将有 10 年的城镇化较快发展期[③]。因此，围绕县城开展新

① 新华网：《中华人民共和国国民经济和社会发展第十四个五年规划和 2035 年远景目标纲要》，http://www.xinhuanet.com/2021-03/13/c_1127205564_8.htm.

② 新华网：《中共中央 国务院关于全面推进乡村振兴加快农业农村现代化的意见》，http://www.xinhuanet.com/politics/2021-02/21/c_1127122068.htm.

③ 人民网：《新时代推动城镇化高质量发展的着力点》，http://theory.people.com.cn/n1/2020/0911/c40531-31857452.html.

型城镇化建设，无疑是未来的一个新增长点。

从乡村振兴的角度看，要想破解乡村窘境、弥补乡村短板，县城是重要的突破口。因为乡村振兴不会只是乡村自身的任务：对全国县城数据的分析表明，县城城镇化水平每提高1%，城乡收入差距比值会降低9.6%；农民在本地的非农就业，更会使其家庭消费比务农家庭显著高出15.5% ~ 28.2%[①]。另外，县城城镇化在诱导人口流动、改善土地资源利用的同时，还可辐射带动乡村经济业态转型升级。因此，全面乡村振兴发展，必须充分发挥县城对乡村的支持带动作用。

这正是中央针对“十四五”发展提出的“强化以城带乡，推动城乡互补，共同繁荣”的题中之义。以城带乡，是县城未来发展的重要使命，更是重要机遇！

## 二、想要以城带乡，“做大做强中心城区”是关键

机遇虽然摆在县城面前，但是能否用好机遇就是对县城的考验。

**县城推进城镇化，要避免全域铺开，盲目地形成“规模上的城镇化”。在统筹发展中，应把握住“三个要点”：**要让发展要素、城市功能等进一步聚向“城区”而非“镇区”；要集中力量办大事，培育一个“种子选手”——中心城区；要优先做大做强中心城区首位度，再以“大城区”有效辐射带动乡镇发展！这样做的理由很简单。

### 1. 从效能上来说：强化中心集聚，更合算，也更高效

过去几年，城镇化热潮推动了“扩城运动”兴起，让中国大陆城市在5年内（2013—2017年）总建成区面积增加了8 370.1平方千米，这相当于新增了近10个成都（2017年成都建成区面积为885.61平方千米）；而同期，城区人口仅增加5 821.7万人，按住建部每平方千米容纳1万人的标准，这样的扩张最后其实扩出了2 548.4万人的缺口[②]。从一线城市到小县城，如此追求规模、分

① 中工网：《全面推进乡村振兴的两大核心线索》，http://theory.workercn.cn/34198/202103/02/210302095648840.shtml.

② 财富号：《报告丨636个城市的5年数据：重新审视“鬼城”现象》，http://caifuhao.eastmoney.com/news/20190322194408448030740.

散粗放的短视做法，让很多城市因人口聚集度低而出现了“空城”，甚至“鬼城”；尤其是本就人口密度低、城市集聚效应弱的县城，不仅浪费了土地资源和资金，还为地方发展背上了一大包袱，导致进一步“被掏空”。

**相比大城市，县城在多方面的“有限”条件下，想要以城带乡，建设的关键其实在“聚”而非“巨”！走集约紧凑化道路，才是县城未来城镇化的优选出路！**

聚集产生效益，密集产生效率！城市作为一种“聚集经济”的产物，必定是越集中越高效，越密集越繁华！向中心聚集，可为城市创造诸多方面的“加成”：劳动力市场及城市资源共享、经济活动及公共服务成本摊薄、知识和创意持续溢出……而聚集的个人、企业乃至整个社会都将因相互之间的“正外部性”而受益，产生更大的聚集效应与规模效应。实证研究也表明城市人口的规模下限是 10 万～15 万，规模小于 10 万人的城市几乎不存在净规模收益；50 万人以上的城市，人均国民生产总值比 2 万～5 万人的城市经济效益高 40% 以上[①]。恩格斯在《英国工人阶级状况》一书中也曾这样描述过“聚集推动发展”的代表——伦敦：“这种大规模的集中，250 万人这样聚集在一个地方，使这 250 万人的力量增加了 100 倍，他们把伦敦变成了全世界的商业首都。”[②]

其实，在意识到过去城镇化盲目低效扩张的发展倾向与弊端后，为优化城市空间及人口布局、推动城市高质量发展，国家发展和改革委已在《2019 年新型城镇化建设重点任务》中首次提出了“收缩型中小城市”的概念，引导人口和公共资源向城区集中，瘦身强体，以扭转“城市空间必须增长”的惯性增量规划思维。根据标准排名城市研究院的研究：截至 2019 年，只有 15% 的中国城市为紧凑型城市，到 2022 年或许还将有 52 个城市从紧凑型城市沦为不紧凑型城市，而不紧凑型城市最大的隐忧在于人口增长缓慢及产业空心化。原国家建设部副部长仇保兴、北京大学国发院教授周其仁等也曾多次呼吁：中国城市化出路是建设紧凑型城市！

紧凑、集约将成为许多城市发展的新常态。

① 大众网：《当前我国县域城镇化的时代价值》，https://sd.dzwww.com/kjww/202002/t20200206_4963507.htm.

② ［德］卡尔·马克思，弗里德里希·恩格斯．马克思恩格斯全集　第 2 卷［M］．中共中央马克思恩格斯列宁斯大林著作编译局，译．北京：人民出版社，2005：303.

▲ 徐州丰县中心城区：高品质的居住空间、文化场馆、生态公园一站式配齐（华高莱斯 摄）

### 2. 从现实境况来说：人们进“城”，除了大城市，进的就是县城

不是在乡镇里盖房，而是在城区里买房——这也是当今城镇化背后，人们对“进城”最鲜明的现实渴望与追求。

城镇化的高速发展不仅拉动了中国城乡格局的巨变，还牵引着人们观念发生转变：乡镇人民，尤其是外出打工过的人，看到了外面世界后，也希望改变自己的未来——挣钱后不再是回到农村去盖房，而是纷纷去县城购房落户；女方婚嫁的“有房”刚性条件也变成了“县城有房”：仅 2011—2018 年，农民进城买房的比例就飙升了 27 倍（0.7% ~ 19%）。河南某县级市分管教育的副市长表示，他目前正面临着巨大压力：他所在的县有 120 万人，是全省县城经济发展相对靠后的县，即便这样一个并不发达的地方，还是有 50 多万人在县城里买了房，人口的快速涌入甚至导致教育资源无法跟上，如今希望能获得互联网教育的支持[①]。

① 搜狐网：《李铁：一直被忽视的县城，同样是中国城镇化的重要载体》，https://www.sohu.com/a/401082086_120179484.

县城买房热的背后，其实也揭示了很简单的现实：过去挣钱在村里盖房的是“混得好”的面子，而如今求的是县城更好的教育、医疗服务；同时，打工人在就业地城市可能买不起房子，但家乡县城的房价只是大城市的 1/5，甚至 1/10，是能买到的。未来，随着 2 亿多存量的农业转移人口需要释放，而大城市又迟迟不愿开放这些群体的城市落户，人们进入县城的热度只会增，不会减！

**3. “做大做强中心城区，以城带乡”已被证明是县城逆境求生的重要法则**

福建泉州下属的德化县，便是印证这一生存法则最鲜活的例子。

德化距泉州约 80 千米，是泉州最偏远的山区县之一。这里虽然拥有 2 232 平方千米的面积，却没有一块超千亩的平地；18 个乡镇中，只有 5 个乡镇人口在 2 万以上，且散居各处。就是这样一个地广人稀、看似发展难度极大的小县城，如今却撑起了 200 多亿元的陶瓷产业[①]；同时，高达 75% 的城镇化率（2020 年）也让其成为福建城市化率最高的县，并入选县城新型城镇化建设示范名单。

**这一切的蜕变，其实源于德化 36 年前“小县大城关”的战略选择**。1985 年，德化意识到，要在全县范围内实现全面发展，投资量大，且发展慢、效益差。对此，德化县委、县政府提出了“相对集中全县的人力、物力和财力，首先支持城关地区发展”的发展思路，引导全县生产要素向城区流动。在历届领导班子对“小县大城关”的战略坚持下，德化推动产业在德化城关及其周边不断聚集：90% 的陶企向城关龙浔和浔中镇汇聚，厂家从 229 家猛增至 1 100 多家[②]。

产业聚集的繁荣背后，也为城区带来了丰沛的人流。至 2010 年年底，德化城区人口由 1978 年的 1.03 万人发展到了约 18 万人，城区成为全县 57% 人口、72.77% 中小学生、69.2% 劳动力和 90% 陶瓷企业的集聚地，创造了 67% 的经济总量[③]。如今，聚集在县城的人口已超 70%，2003 年的目标也已基本实现（至

① 东南网：《德化县“以产兴城”推进新型城镇化建设》，http://www.fjsen.com/zhuanti/2018-07/10/content_21243867.htm.

② 网易：《福建最奇怪的一个县，全县只有 30 几万人，竟有 20 几万聚集在县城》，https://3g.163.com/dy/article_cambrian/EFCHHA2C0524AGV2.html.

③ 德化网：《德化：小县城孕育大城关》，https://www.dehua.net/news/show-168974.shtml.

2020年，全县80%以上人口集中在城关和中心集镇，实现城镇资源共享）。

德化把有限的资源聚焦投入大城关，换来了城关区域的无限潜力。从“建设一个大城关”逐渐实现了“以城带乡”“城乡互动”，引领德化发展不断加速，成就了如今闻名的“世界陶瓷之都”。

当下，河南有些县市也已提出要“主动适度空心化”——将部分以高龄人群、滩涂用地等为主且缺乏生产力的低效能乡镇的人口和产业进行迁移集中，集中力量做大城区，以提高城市经济效益、优化资源配置、释放生态承载力。

总结而言，集约发展可以用最经济的方法产生最好的效益，是实现生产、生态、生活空间优化，提升人口吸引力的有力武器。县城作为承上启下的关键空间节点，承担着吸纳农业转移人口并向城市输送合格劳动力的“蓄水池”作用。因此，**未来想要高效实现自身人口“驿站”的价值释放，县城建设应注重用“集约发展”代替乡镇各组团“散装式”发力——“做大做强中心城区”是要义！**

## 三、以城带乡，中心城区的“辐射带动力”如何构建？——小城也要有大名堂

虽然城市人口集聚规模会产生城市经济的集聚效应，但要想以城带乡，**“做大做强中心城区”并不是简单地“把人装进来就够了”，而是要“内外兼修”：**从规划到公共服务，从产业到生活，以“小城也要有大名堂”的逻辑来提振城区势能，从而创造可带动城乡发展的辐射影响力，构建引流磁极！

具体而言，中心城区的“小城大名堂”可以从以下4个层面做文章。

### 1. 空间上：以高标准规划为牵引，带高城市发展“心气”

过去我们说经济基础决定上层建筑，而如今却不得不审视顶层设计对全局发展的巨大引导作用。正所谓“不谋万世者，不足谋一时；不谋全局者，不足谋一域”。城市要“一张蓝图绘到底”，首先，用一张“好蓝图”来做高位牵引，很重要！

**（1）图片社交时代，城市的“蓝图”要学会做“注意力经济”的生意。**

风景也是生产力。一个好的城市印象，可以让城市引流事半功倍。这背后其实蕴藏了一个非常简单的道理：因为当今，我们已进入了一个“视觉为王”

的图片社交时代！

**互联网的高速发展带来了如今的信息过剩，因此谁能吸引大众注意力，谁便能获得更多经济价值！**正如诺贝尔经济学奖得主赫伯特 · 西蒙所说的："随着信息的发展，有价值的不是信息，而是注意力。"而面对信息的剧增，人们在本能驱使下会更偏爱"高带宽"的信息输入方式——视觉[①]！于是，随着智能手机带领人们从大屏时代进入小屏时代，以图片为载体和辅助手段的"图片社交"成为人们获取信息的主流交际方式，"画面"也因此成为最简单、最有冲击力的传播方式。在此趋势下，城市的"注意力经济"开始不断发酵：乌兰县茶卡盐湖、栾川县"奇境栾川"等纷纷依托优质形象，实现了"一张照片成就一个地方"的走红，为城市带来百万级访客流量，甚至直接带动了贫困户脱贫！

▲ 乌兰县茶卡盐湖凭借绝美画面成功"出圈"（图片来源：全景网）

县城未来想要引流，绝对离不开"城市印象"对于人们的潜在影响力。在如今"颜值"当道的趋势下，中心城区作为标定县城发展面貌的载体，无疑更

① 人类成年后，视神经中有 110 万～ 130 万个视神经轴突；而听力正常的成年人耳蜗神经中有 3.1 万～ 3.2 万个髓鞘神经纤维。听觉与视觉的信息传导神经纤维数量差了两个数量级，视觉拥有更大的带宽，便于收集更多信息。

应瞄准“注意力经济”做文章，精心建设城市，提升城市设计品位！

**（2）规划科学是城市最大的效益，县城的“蓝图”要做“富”规划。**

起好步才能开好局。城市若想做好“注意力经济”的生意，用“环境资本”引领“货币财富”，以“富”规划来牵引城市建设，是必不可少的！

对于县城来说，所谓的“富”规划，包含两个方面的要义：一是县城即使财政投入有限，但省什么都不能省“规划”，推动县城高质量发展，请一个好的大师，做一个好的顶层规划至关重要！二是城市规划切勿图眼前小利，也不要站在县城看县城，而要有眼界，讲格局，从长远计发展，站位未来“画”现在，让规划更具长期性与稳定性，避免不断“推倒重来”。而这也正是习近平总书记所强调的：“考察一个城市首先看规划，规划科学是最大的效益，规划失误是最大的浪费，规划折腾是最大的忌讳。”

**县城画好蓝图，就一定要做“富”规划。但这并不代表其只会存在于“富”县的语境中，“穷”县反而不能做“穷”规划，而更要敢于做“富”规划！**底子薄、基础差的穷县，有了“富”规划做“好药方”，未必能起死回生，但如果拿着“烂药方”继续走低端路子，想要突破，不说死路一条，想必也只会难上加难，痛不欲生。

海南省陵水黎族自治县便是“穷县富规划”，为自身创造发展机遇的一大例证。陵水东濒南海，南与三亚毗邻，曾经是全国唯一一个沿海的国家级贫困县。随着海南岛旅游资源的开发，陵水因热带雨林、蓝色海湾、阳光沙滩等一夜之间变身为旅游地产、休闲度假的一方宝地。“我们没有被蜂拥而至的‘投资冲动’冲昏头脑，而是从一开始就下决心不搞粗放经营，不走低端路子，锚定‘让老百姓普遍受惠’的长远目标，在当时（2004 年）县财政收入只有 4 343 万元的情况下，坚持克服重重困难，敢于拿出占一年地方财政收入 2/3 的 3 000 多万元来做规划。”时任陵水县委书记王雄兴奋地说道。只用了一年多时间，陵水县就高标准编制完成了《陵水县城市总体规划》《陵水滨海风景名胜区总体规划》等影响陵水长远发展的规划。事实证明，这些规划对于陵水后来居上、在三亚周边县市中较快地打响国际旅游品牌起到了很大的作用。之后短短几年，陵水不仅摘掉了贫困帽，还实现了“突围”：2011 年，陵水公共财政收入达16.7个亿，位居海南省第三，仅次于海口和三亚[①]！

城市规划在城市发展中起着重要的引领作用，“穷”县只有做“富”规划，才有机会后来居上！

**（3）以高标准“富”规划牵引建设“小城大气魄”的城区面貌。**

以高标准的“富”规划牵引城市建设，构建高品位城市形象，在有效吸引人们进城的同时，还可带高城市发展“心气”。简单来说，**以城带乡，中心城区面积不一定要大，但品位一定要高，形象一定要好！**在开篇文章中提到的“小恒星”式县城沭阳，便是一个在高标准规划的牵引下，以“小城大气魄”城市建设带动县城发展的典范。

1996年宿迁建市之初，沭阳县城区面积只有9.7平方千米，而到了2019年，沭阳城区基础设施配套面积已达85平方千米，集中居住人口72万人，城镇化率逼近60%[②]。从苏北乱哄哄的小县城到崛起为连续8年跻身县城经济全国百强县行列的现代城市，全国闻名的“沭阳速度”背后，是沭阳对“跳出小县城定义建城市”的理念坚持。

在沭阳的城建史上，沭阳充分认识到自身地域广、人口多、生产要素较少且分散的特点，首先决定将县城作为统筹城乡发展、拉动县城经济崛起的龙头来抓，强化城区的集聚效应和辐射效应。同时，沭阳始终坚持将“城市规划编制”作为一项重要的基础性工作来抓，强调“以规划为统领，构筑城市发展体系”；并打破了传统城建理念，在十余年前就前瞻性地提出**“要瞄准国内外大中城市规划水准，摒弃小城镇、小县城眼光，以‘三高’规划理念来规划城市”，即规划设计高起点、高标准、高品位。**

在“三高”规划理念下，沭阳要求建设单位委托理念超前、经验丰富的高水平设计单位进行规划设计，在拟订挂牌地块规划设计要点时也明确要求城区重要地块、沿主要路段均布置20层以上建筑，以增强道路两侧建筑天际线的起伏感、韵律感。于是，在京沪高速公路进入城区处，鳞次栉比、气势宏阔的高

① 人民网：《“穷”县要敢于“富”规划》，http://politics.people.com.cn/n/2012/1015/c1001-19258152.html.

② 新浪网：《宿迁沭阳：建设百万人口区域次中心城市》，http://jiangsu.sina.com.cn/news/2020-08-26/detail-iivhuipp0705404.shtml.

楼沿街而列，从安置房到商务楼群，均以“公建化立面”为标准，沭阳构建起了一条集中展示城市现代时尚、亮丽大气形象的主干道！同时，通过制定“对标志性工程加大奖励”、坚持“给大型第三产业项目以第二产业待遇，给大型服务业项目以制造业待遇”等针对性举措，高效推动了欧中广场、苏宁电器、虞姬生态园等一大批商贸龙头和综合性开放公园的涌现……高能级配套空间，不仅带动了全域乃至周边乡镇的人气、财气不断向城区聚集，辐射半径也不断增长，还有效撬动了这些空间周围的高层楼宇拔地而起，推动沭阳快速进入“高层时代”，为沭阳创收了楼宇经济！

**以“三高”规划理念为牵引，沭阳还针对城市建设进一步制定了“三化三精”的建设要求和规矩：建设施工标准化、规范化、工艺化，管理经营精心、精细、精品，以提升城市品位。**例如，为保持高品质城市风貌，城区干道全部“无杆化”处理；对老城改造和新城建项目则一律以“四个不准”来要求，即不准拉围墙、不准搞零散的附属设施、不准建传达室、不准安防盗网；为让“城市建设经得起挑剔”，城区建设项目必须提出两套以上方案供审查选择，且每个项目所有投标单位都要“背靠背”给对方挑毛病，政府再从中择优。

在“三高三化三精”的规划建设理念下，大城市般的现代化气息在这里持续释放，文化艺术中心、苏北一流的城市规划展览馆等城市地标开始不断涌现，推动沭阳“小城大气魄”的城区形象不断提升。沭阳也通过切实发挥城市规划的引领作用，全方位推动城市功能不断完善、城市对外形象和品位持续提升。沭阳城市化的迅速发展，不仅带动了当地招商引资，还激活了服务业产业新势能，带动农村劳动力高效转移进城，成为苏北县城发展史上的一匹黑马。

回看当下中国的发展境况，河南、山东等地区城镇化进程正在大幅加快。这些区域本就是人口聚集地，加之所属城市群的中心城市（如郑州、济南等）的崛起，区域已出现了明显的人口回流态势。在山东，已有 7 个县市区位列“2020 中国县城人口流入百强榜”第一梯队[①]……这些都为未来区域内的县城吸纳人口流量做出了样板！另外，中原地区文化底蕴深厚，更为县城构建特色

① 济宁新闻网：《“2020 中国县域人口流入百强榜”发布 山东 7 个区市上榜》，http://www.jnnews.tv/p/775709.html.

城市形象创造了无限想象；伴随着2021年河南电视台春晚《唐宫夜宴》的走红，越来越多的年轻人已开始因文化魅力而关注区域内的城市……手握“人口流量”与“文化底蕴”等多重优势，谁又能说走“蓝图牵引”精致提升城市品质的路子，未来这里的小城不会大有可为？

中心城区做大做强，除了造“壳”，更要填“瓤”！——城市功能与配套服务要跟上，尤其是刚需领域！

### 2. 服务上：以强民生配套为磁极，带大公共服务效力

新型城镇化是以人为核心的城镇化。县城想要引流，就要深入关注那些目标人群——年轻人群、年轻家庭，了解他们在关注什么。教育、医疗等万不可缺的基本民生需求，无疑是重中之重。

**（1）教育、医疗等公共服务，是刚需！**

“逃离北上广”的新闻报道不时会出现在大众眼前，有的人只读到了那些人“解脱”后的欣悦，却不知其中一些故事的结局是：子女教育、健康医疗等当今生活的刚需，成为系在大城市打工人身上的那根绳索；有些所谓的“逃离者”最终也会被“现实”拉回到他们曾经逃离或想要逃离的地方。

现实是什么？是“在北京遍地开花的少儿英语教育机构在家乡几乎是空白的”渴望，是“父亲在县医院查出腰伤后被送往骨科，而最终的死亡记录却显示，真正要了父亲命的其实是脑出血”的无奈。于是，让小孩到城里接受教育，送父母到市医院看病，成了打工人选择留在大城市的最沉重的理由，也是人们离开乡村，抛弃小城镇，蜂拥进城的“最大公约数”。

**教育、医疗服务等这些民生刚需不会因为大小城市之分而有所不同。**信息趋同下，家长的焦虑和需求只会更加趋同。研究报告显示，低线城市的家长对孩子的投入其实丝毫不亚于大城市的家长，其中36%的家长为子女报读各种课外补习班，为的就是希望子女能脱颖而出，过上更好的生活！①

**（2）教育、医疗等公共服务，更是缺口！**

乡村教育萎缩、资源匮乏，让之前提到的那位河南县级市副市长迫切希望

① 新华网：《小镇回流青年的“双城模式”》，http://www.xinhuanet.com/local/2020-01/07/c_1125428558.htm.

得到互联网教育的帮助；医疗服务能力薄弱、科室功能不全、床位短缺等让“大病看不起，小病就扛着”成为乡镇人们被迫生活的日常。有点能力的人则会直接跨过县城，鏖战数夜，只为与城里人抢一个不知道何时才能排上的号。庞大的需求端与发展失衡的供给端，两者之间的矛盾日益突出，已成为县城实施城镇化建设、乡村振兴必须疏通的梗阻！

农村医疗卫生条件的薄弱让“小病也易变成大病”，遇“新病”则易因疏忽而造成更大的公共卫生危机。公共服务缺口所带来的治理风险和挑战，也已经到了无法忽视或轻视的程度！

**（3）打通“民生刚需”命脉，构建高辐射的城市新磁极，带动公共服务升能。**

县城应该依托中心城区，优先锚定教育或医疗等民生刚需，进行强力投资，为城市构建一个高辐射、强引流的城市磁极。这不仅可以带动、“截流”周围乡镇人口进城，甚至可以成为城市的“长板”，为城市塑造区域级的相对优势。吉林省的梅河口、广东省的信宜都是完美诠释这一举措的县城典型。

梅河口坐落在吉林省东南部，距其最近的大城市是西北方向 150 千米外的长春和西南方向 200 千米外的沈阳。作为一个无法享受大城市辐射红利的小城，城区常住人口在 4 年内（2013—2017 年）实现了从 31 万到 40 万的增加。它是如何成为东北地区少数人口流入的城市的？**——聚焦“医疗”造长板，是梅河口成功崛起的关键原因。**

梅河口是北方重要的药材市场，瞄准这一本地特色资源，巧借自己作为吉林省东南部交通要冲和商贸物流中心的优势，将城市经济从服务“物”拓展至服务“人”——聚焦“医疗健康”方向不断发力。梅河口在城区强势打造了龙头项目——梅河口中心医院，这是东北地区唯一的一所县城三甲医院，集医疗、科研、教学、康复等综合功能于一体，有效地为城市构建起一个人口磁极。梅河口还通过设立产业发展引导资金、为医药企业大量兑现扶持资金等举措，不断引入四环制药、康美药业等行业领军企业，大力推动医药产业发展，2018 年医药产业产值占全省医药产业的 15% ~ 20%，为城市贡献财政收入达 70%。2019 年，央广网采访梅河口市委副书记孙维良时，他可以很自豪地说道：“现在有一个很特殊的现象，在梅河口可以看见很多周围县市的车牌照，很多周围老百姓都在这里买房子。医疗好，是吸引人口流的重要原因之一。我们 1/3 患者都是来自周边县市的居民。”[①] 当下，通过发挥市中心医院的龙头作用，梅河口已开始积极对接新时代生活需求，拓展高端医疗服务，打造吉林省东南部集肿瘤诊疗、妇产诊疗和医养结合康复诊疗等多功能为一体的高端医疗健康服务中心。如今，梅河口作为吉林重要医药产业聚集地、区域医疗健康中心！其实，像梅河口这样“聚焦医疗刚需造城市长板”的并非个例，湖南浏阳也是这一路径的成功代表。如何能将县城打造为区域的“医疗中心”，之后的文章会进行详细剖析，在此便不做赘述。

**不同于梅河口，广东的信宜则是通过“砸锅卖铁”搞教育成功“出圈”。**信宜是广东茂名市下辖县级市，距离最近的大城市广州也有 250 千米。地处偏远山区的信宜，2002 年便决心“砸锅卖铁”办好教育！在制定“科教兴市”战略后，信宜开始在市区东南郊兴建了占地 1 500 多亩的重点工程——信宜教育城。教育城全部按花园式现代化学校进行高起点规划、高标准建设，涵盖了幼儿园至高中各层级、青少年宫及职业技术教育园区等全方位的教育功能空间，并大力配备了先进教学设备和一流师资队伍。政府对信宜教育城的大力支持，不仅辐射带动全市教育水平大发展，而且为城市树立起教育名片，成为全国基础教育的优质教育品牌之一，吸引了全国各地教育考察团数十万人次到访，更间接推动了信宜旅游人数激增。

如今，打造教育高地也已成为众多县城，尤其是难以借力大城市的“小恒星”式县城的共同觉醒。例如，徐州丰县制订了教育振兴计划，2020 年决定投资 20 亿余元在城区新扩建 14 所中小学，积极推进农村学生进城上学；2020 年 10 月，河南长垣市委也表示：长垣准备引进 3 所大学，以实现烹饪、医疗器械等本土特色产业与高校特长专业的“强强联合”发展。

2020 年 5 月，国家发改委发布《关于加快开展县城城镇化补短板强弱项工作的通知》：“当前县城人均市政公用设施固定资产投资仅相当于地级及以上城市城区 1/2 左右，要加快推进县城尤其是城市群地区县城城镇化补短板强弱项。”

---

① 东北旅游网：《吉林梅河口：东北少数人口流入城市是如何“炼”成的?》，https://www.meiliyi3.com/impression/35826.html.

从上学、就医，到养老、育幼，其核心便在于提升县城公共服务能力，扩大县级资源辐射效力，带动就近城镇化和乡镇发展！

四川、黑龙江等都是拥有一定的医疗基础优势，且在积极推动专科建设的区域。不妨乘着“市分级诊疗制度、县城医共体建设”等东风，构建医疗相对优势。而便于承接大城市人口外溢的地方，不妨向广东清远所属的英德市学习：城镇人口不断新增的英德，在广清一体化的驱动下，正在围绕“主动承接广州外溢人口”积极打造教育和人才高地，以求培养独特的竞争优势。

### 3. 产业上：以数字化下沉为契机，带优居民就业水平

以城带乡，除解决生活上的刚需外，小城引流又该如何化解年轻人的工作焦虑呢？答案是：紧跟时代步伐，向“新产业内容”要机会！

资源向城市集中，人们自然向城市聚集。集聚资源带来的就业机会撑起了在城市林立的“高大上”商务区。那么，商务区会不会出现在县城呢？2010 年，桐庐推出了杭州首个县城商务区，10 余幢现代化楼宇集商务与服务功能于一体，揭开了桐庐转变经济发展方式的新序幕。

如果说之前桐庐可因背靠杭州而获利，那未来其他县城呢？它们会有商务区吗？当然有！也应该有！县城发展商务区不同于大城市的金融、IT 产业聚集，而是要“装填”更易于当下在自身县城生根发芽的产业内容！所谓“人在楼才在”，那么，县城想要发展商务区，必须得先有人来！

**（1）“我回家能做什么？”这是县城必解的命题。**

过去，“走出去，到（大）城市去”是小镇新青年的奋斗目标。倘若不是被高房价击退，大城市的“抢人大战”或许会像吸血一般逐渐吸空县城。县城不被青睐的原因也很简单：缺乏有发展前景的产业，就业岗位匮乏、单一，发展空间小——“在县城，基本就分为行政、事业、国有企业、自由职业四个类别”“在县城，你能真正体会到学非所用，你所学的专业和从事的工作风马牛不相及”……

如今，一个新趋势正在悄然形成——越来越多的小镇新青年有了返乡就业或创业的意愿和热情，中国小城正在重新热闹起来！2020 年发布的《县城创业报告》显示：返乡创业者占县城创业者 50.8%，其中大学生占比已达 16%，创

业者中48%年龄为26～35岁[①]。

为什么会出现这种“回流”？**回流的关键在于：过去是“年轻人到大城市找就业机会”，现在县城正在极力“把就业机会替年轻人引进来”**。可以说，小镇新青年回家前问得最多的问题便是：自己回家能做什么？家乡能为他们提供什么？这是县城需要直面的“工作焦虑”，也是“产业机遇”！如果县城能为他们引来就业新机会，创新产业内容，让“退路”变“出路”，又何愁不能培育起自己的“县城商务区”？

**（2）借力“数字化”下沉浪潮，向“数字新职业”要机会，创新产业内容。**

当中国最后一个通公路的县城——西藏墨脱都出现了外卖小哥时，当中国最后一个接入国家电网的西藏阿里地区居民，都能在入网前通过支付宝上缴电费时，当小镇新青年的消费、娱乐需求成就了拼多多、快手等互联网企业时……“数字化”在中国下沉市场的渗透度和覆盖率，其实，已远超我们的想象。

**“数字化”下沉也引发了就业下沉**。数字化工具、互联网技术等让小镇新青年有了在家门口就能就业的新机会，这成为近几年推动年轻人回流的重要催化剂！瞭望智库与蚂蚁集团研究院的报告显示：随着产业和互联网平台不约而同转移到了成本更低的下沉市场，云客服、人工智能训练师、无人机飞行员等一系列数字新职业开始不断在县城兴起。例如，在泰安做云客服的年轻人已达到全县新增就业人数的一半以上；同时，在微信、京东等越来越多的公司将人工客服进行外包的趋势下，出于成本和助力脱贫的原因，互联网平台的云客服基地基本都设在中西部县市及国家贫困县，如黑龙江泰来县、河南新乡等已纷纷开始对外主打“云服务”。另外，随着人工智能产业的火爆，人工智能标注这一几乎为小镇青年量身定做的职业，不仅需求大增，而且已被定义为“人工智能训练师”收入国家新职业目录；2019年开始，贵州、陕西等多个县区便因支付宝数据标注外包工作的落地，吸引到近千名年轻人回家工作。另外，现代化农业的发展需求，更推动了无人机飞行培训师等职业的火爆，正如极飞科技数

① 光明网：《〈县城创业报告〉发布》，https://www.sohu.com/a/406140506_162758.

据所显示的，截至 2019 年年底，无人机已带动近 4 万小镇新青年“飞”回[1]。

▲ 无人机飞手等数字化新职业发展火爆（图片来源：全景网）

目前，这些新职业进出门槛低、灵活性和兼职性强，且提供的收入可达七八千元，甚至一万元。虽然这一薪资水平低于很多大城市打工人的工资水平，但在县城里富有竞争力，而且在就业容量上已呈现出巨大潜力。“倘若在家门口就能过好小日子，我们又何苦背井离乡？”这对于小镇新青年无疑是一种强大的诱惑力。

**事实上，数字化下沉还让更多的城市生活方式被复制到了县城，为县城生活型服务业打开了大量吸纳就业的空间：**共享单车运营、社区团购运营、外卖服务等生活型服务业得到迅速发展。例如，仅 2020 年一年，全国脱贫县获得收入的骑手就达到 10.3 万人[2]。以即时配送、直播电商、智慧门店等为代表的新业态不断涌现，也将创造出持续增加的新职业。例如，小米就于 2021 年提出：未来要“疯狂”发力下沉市场，让每个县城都要有小米之家！

① 腾讯网：《重新热闹起来的中国县城》，https://new.qq.com/rain/a/20210219A0AVFS00.

② 周天财经：《数字化下沉，小镇青年的返乡新路》，https://www.cyzone.cn/article/623182.html.

**当下，中国城乡“同网同速”的时代已到来，“数字化”更是成为加速乡村振兴的重要抓手。**“数字乡村发展战略”成为政策新热点。未来，县城可活用自身乡镇的农业、生态资源等，瞄准年轻人关注且聚集的热门领域，如农贸电商、旅游服务等主动拓局，带动相关配套服务业集聚；并结合乡村经济的发展需求，牵引乡村经济发展中急需的农业人才、林业人才、生态技术型人才、管理人才回流。从智能科技、环保科技、创新农产品研发，到电子商务、创意设计，再到创新创业孵化基地、技术培训中心，谁又能说这些不会出现在自己的县城商务区内呢?

总而言之，数字化正在让中国县城重新热闹起来。数字化工具、互联网技术等发展将为县城发展带来深远的影响：衍生新职业、助推传统产业升级等，为普通人的就业和生活带来更多可能……围绕数字化发展知识经济下的新职业，有利于小镇新青年和县城发展形成良性循环！未来，县城，尤其是缺乏资源和产业支撑的县城，不妨借力数字化下沉浪潮，叠加国家扶贫项目及大企业均下沉乡村建设、小镇新青年返乡创业热等机遇，复制城里人的生活方式，带动居民就业，带动人口回流，让年轻人在小城工作无焦虑！

**4. 生活上：以特色夜经济为代表，带美城镇生活方式**

随着城镇化推进速度放缓，城镇化对经济增长的驱动正在从供给端转向供给、需求双驱动。想要引人，尤其是引年轻人，就必须与他们的生活需求共振，打造一座更具有“青和力”[①]的城市！

**（1）我们要知道：“像大城市的人”一样生活，是年轻人不变的愿景！**

回流青年回乡并非“空手而归”，他们是带着大城市生活印记归来的；而小城本土青年因城市和科技的发展，也无缝接收着来自各方的新信息，越来越向上的身份认同让他们的生活标准、消费需求越来越像都市人，甚至实现了对都市人的“逆袭”——他们“身处十八线，却穿着满身奢侈品牌”、他们“每个月工资五千，却敢买贵妇级护肤品牌赫莲娜的‘黑绷带’面霜”、他们“开着宝马上下班，每个月却只赚两千多元”……新一代的县城青年，他们比北上

① “青和力”，是指城市对青年人的友好指数，具体来说，“青和力”包括城市鲜活指数、城市文化指数、个人成长指数、城市发展指数四个测评维度。

广同龄人更敢花钱！因为相比大城市的年轻人来说，他们生活成本更低，房车等生活压力更小，即使每月进账只有 3 000 元，也可以全部用来支配；而大城市的年轻人即使月薪过万，除去房租、水电费、吃饭、交通等基本生活开支，可以自由支配的又有多少呢？同时，动辄每天两三个小时的通勤和“996”的加班，让大城市的“社畜”青年早已没有了个人时间，但小镇新青年因为生活半径更小，通勤时间更短，使得他们拥有了更多的业余时间。《正在消失的壁垒——腾讯 2019 小镇新青年研究报告》显示，每日工作时间少于 8 小时的小镇新青年达 64%。**有钱又有闲，县城青年才是当下的“隐形消费巨人”！**

因此，对于县城来说，未来必须“跳出县城看县城”——以发展“城市生活经济”的眼光来拉近与年轻人“心”的距离！

**（2）我们要知道：城市夜生活，是年轻人无法抗拒的诱惑！**

在经济放缓、疫情冲击等多重形势下，“夜经济”已成为国家的政策新热点，在持续走红。而总以“不过 12 点不睡星人”自居的年轻人，便是夜生活最活跃的人群。“月亮不睡我不睡”“熬夜一时爽，一直熬夜一直爽”“白天努力苟且，夜晚拼命嗨玩”是他们共同的生活方式。

切勿认为年轻人的夜生活就是“夜不能寐”地玩手机，“出去嗨玩”才是本质。**年轻人是当下“夜经济”最主要的消费力！**《95 后夜猫子报告》大数据显示：超过 35% 的夜场电影用户为“95 后”。中国青年报社社会调查中心联合问卷网对 1 977 名 18 ～ 35 岁青年进行的调查显示：59.8% 的受访青年每周会进行两次以上夜间消费，74.0% 的受访青年看好未来夜间消费市场的发展。

城市夜生活是年轻人无法抗拒的诱惑，与城市大小无关。小城年轻人强烈的夜生活需求一点也不比大城市少：Quest Mobile、大麦网数据研究院的相关数据显示，当下，电影演出等与夜生活相关的 App 在小镇新青年中渗透率极高；二线及以下城市消费力受“夜经济”政策及大型演出 IP 下沉影响，呈现突飞猛进态势……虽然热情满满，但他们经常苦于“漫漫长夜，无处安放”，尤其是在北方城市，这一特征更为明显。**县城，想要吸引年轻人，夜生活这一需求必须重视！**

▲ 夜生活，年轻人的生活必需品（图片来源：全景网）

**（3）最重要的是，我们要知道：县城，是下一个“夜经济”的消费主战场。**

提起“县城的夜生活”，很多人自然是无法与“城里化”的感觉相联系的。因为在县城，人们普遍有着自己入夜后的休闲娱乐方式。喝酒、打麻将、KTV、广场舞是最主流的场景，其他诸如看电影、旅游、读书、运动等则属于小众生活方式；如果县城举办了一个诸如“露天晚会”的大型活动，人们甚至会“携老带幼”全家总动员了。而这一切，也都多是在城区才会发生。

**小城最缺的就是“夜经济”，越是小城，越要有夜色！**如今，“2020 中国夜经济繁荣百佳县市”的数据显示：榜单百强中县级市有 19 个，县级单位达 27 个，县级市正在接受大都市夜生活的传递，逐渐成为城市夜经济的消费主战场①。同时，高德地图发布的《2018Q3 中国主要城市交通分析报告》也揭示了：相比一线城市，百强县的人们由于交通、工作时间等因素，一天中实际上可供自由支配的时间会在晚上多出 2 个小时！

① 中国小康网：《“2020 中国夜经济繁荣百佳县市”榜单首发！》，https://baijiahao.baidu.com/s?id=1664841295497842840&wfr=spider&for=pc，2020-04-24.

**（4）以“夜经济+”做活文娱休闲，带动时尚新生活，构建特色引流磁极。**

“夜经济”不仅是吸引年轻人的有效利器，还是繁荣城市消费、释放内需潜力的有力武器。但在此发展浪潮下，国内许多城市发展“夜经济”容易陷入两大误区：夜经济＝灯光工程，夜经济＝地摊夜市，从而最终都沦陷在高投入、低回报、高风险的“泥潭”中。作为本就资源有限的县城，未来发展“夜经济”一定要明白：**“夜经济”是手段，而非目的！其本质在于“引人”！因此，想要用“夜经济”吸引年轻人，核心在于——链接他们喜欢的生活内容，靶向创造更适合他们的夜生活城市**。这一逻辑在《夜经济》[①]一书中已进行了详尽阐述，在此不再赘述。

那么，年轻人究竟关注什么呢？从“青和力评估指标”中我们可以窥见：与“城市文娱”相关的指数已占据1/4[②]，文化休闲、商业娱乐成为城市吸引年轻人的重要“活力因子”，而这些也正是“夜经济”最容易渗透的领域。于是，在扩大内需的趋势下，除成都、广州、长沙大城市开始夜间“抢人大战”外，国内县城也纷纷入局，以“夜经济+”转型升级文体、商业、娱乐休闲、旅游等领域的产品，推动潮流夜市、微演艺、沉浸式夜游等项目不断涌现，创新构建引人，尤其是引年轻人的时尚生活新磁极。

例如，当下江苏沭阳为实现“百万人口区域次中心城市”建设目标，从“让城市在苏北县市最有活力”出发，开始规划打造活力街区、静雅街区，并聚焦“食、游、购、娱、体、展”等年轻人喜爱的夜间消费活动，发展特色型、创业型夜市，以刺激夜间消费。浙江桐庐则着眼于“关心青年成长，优化青年成长环境”，设立了“我们的夜生活”青年人才活力提升班。自2019年启动以来，桐庐已累计开设了街舞、古筝、书法、色彩、篆刻、摄影、尤克里里、爵士等11门课程，吸引了400余名不同领域的青年人才加入。另外，还有湖南长沙县、河北正定县等，瞄准“疫情影响下，人们对健康需求加大而刺激夜间体育消费”“夜晚剧本杀等新型社交游戏正在年轻人夜经济中悄然兴起”的趋势，

① 华高莱斯国际地产顾问（北京）有限公司．夜经济［M］．北京：北京理工大学出版社，2020.

② CBNData，《2019中国主要城市“青和力”洞察报告》，https://www.cbndata.com/report/1506/detail?isReading=report&page=7&readway=stand，2019.04.26.

以及年轻人经久不变的浪漫消费需求，开始不断特色化改造升级城市“夜经济”产品，推出体育MALL、沉浸式推理社、星空餐厅、爱情主题灯光秀等项目，让“夜经济”持续升温。

“夜经济”已成为县城提升城市活力、营造魅力生活、带动城乡就业及经济发展的有效举措。纵观全国，目前长三角、珠三角等区域城镇化率较高，未来将以“提高城镇化质量”为目标提质县城的发展。区域内的县城，尤其是可高感应大城市的“小行星”式县城，可依托区域夜生活基础好、人流密度高、紧邻大城市等优势，进一步做强夜经济下的文娱休闲，带动城乡发展！

综上所述，新时点，新出发。在这场对抗城市极化的战争中，县城并非无路可走——以城带乡，是时代和国家战略赋予县城的重要机遇，更是县城逆境求生，甚至逆境求胜的重要法则。而想要实现以城带乡，必须“做大中心城区”！但这并不意味着简单的“装人即可”，而是要做“高”标准规划，做“强”民生刚需，做“新”产业内容，做“活”生活魅力——通过城市建设、公共服务、就业吸纳、生活品质的内外兼修，来构建一个高效能、强辐射的中心城区，从而带动城乡生产、生态、生活空间优化，人口聚集，在实现城乡发展的同时，也为自己创造更高的优势与价值！

▲ 医疗中枢浏阳市俯瞰图（图片来源：全景网）

# 打造区域中的医疗中枢——县城医疗服务的发展前景

文 | 姚雨蒙　高级项目经理

开篇文章《县城，将何去何从？》已为各位读者阐述了县城城市崛起的两类路径——做“小恒星”式县城，或做“小卫星”式县城。比起“小卫星”城市，“小恒星”城市往往不在大城市辐射范围内，甚至地处省界边缘，很难依托大城市。它们往往需要抢夺腹地资源进行自我发展，最终成为区域经济发展的中心。因此，对于此类“小恒星”式县城来说，在区域中构建影响力和向心力，形成对周边城市的资源吸纳和聚集，至关重要。

开篇文章所提到的河南长垣和江苏沭阳，为我们展示了县域城市如何通过打造产业高地成为小区域人口或经济发展中心。那么除产业外还可以立足哪些资源构建相对优势，形成县城在区域内的反向吸引力呢？我们不妨将目光转向湘赣边区域性中心城市——浏阳市，看一个县城是如何通过强化医疗资源，打造区域中的医疗中枢，进而对腹地人口产生强势吸引甚至对大城市产生“逆吸”的。

浏阳市，湖南省辖县级市，由长沙市代管，地处湘赣边界，总面积为5 007.75平方千米，截至2019年年末，总人口为149.13万人[①]。早期的浏阳与中国大部分县城一样，医疗服务薄弱。本地患者宁愿到大城市大医院排长队、花高价，也不愿意到县城医疗机构就诊。当初的浏阳，本地医疗尚未覆盖，更谈不上吸引周边的患者。但十几年来，浏阳不断加强医疗服务建设，着力打造湘赣边区域性医疗卫生中心，提升湘赣边的医疗服务水平。**如今，这些在医疗上的投入成就了浏阳作为医疗“小恒星”城市的地位。**

**（1）医疗服务“自发光”**：完善且独立的县城医疗服务体系，本市人口在市内就诊率达96%[②]。

① 浏阳市人民政府：《浏阳市2019年国民经济和社会发展统计公报》，http://www.liuyang.gov.cn/xxgk/fdzdgknr/qtfdxx/sjkf/njgb/202005/t20200527_8135577.html.

② 新湖南，《2018年浏阳市域内就诊率保持在96%以上》，http://hunan.voc.com.cn/xhn/article/201903/201903190944452015.html.

**（2）区域影响“高能量”**：全市公立医疗卫生机构就诊对象约有 20% 来自湘赣边区域，接诊人数达 8 万人，部分医院外地患者比例高达 90%[①]。

**（3）腹地人口“能吸附”**：作为湘赣边热门医疗“目的地”，浏阳医疗服务的发展不仅吸引了周边县市的居民，而且吸引了外地县级医院的医生主动跳槽到浏阳。

那么，浏阳市是如何构建起医疗相对优势，成为区域中的医疗中枢的呢？

## 一、专科或全科，县城医疗服务如何逆境突围？

**“人往高处走”，越高的医疗技术水平自然对人越有吸引力**。每年，我们都能从各种媒体上看到医疗资源富集的北上广大医院里挤满了来自全国各地的求医者。尽管对于大部分患者来说，异地求医存在挂号难、医保报销限制等诸多问题，但都挡不住他们对大城市医院妙手回春的渴望。

▲ 北上广高水平医院吸引了来自全国各地的求医者（图片来源：全景网）

① 湘声报 - 湖南政协新闻网：《浏阳：这个议题很前瞻 建设湘赣边医疗卫生中心》，http://www.xiangshengbao.com/nd.jsp?id=2233.

在大城市大医院人满为患的同时，小地方小医院则面临着门可罗雀的困境。**医疗技术水平正制约着基层医疗机构的核心竞争力的提升**。根据《2019 年中国卫生健康统计年鉴》统计，数量仅占全国医疗机构 0.26% 的三级医院，却拥有全国医护人员的 30% ~ 40%、全国医疗收入的 58%[①]。而且，这些医院都过度集中在地级市及以上行政级别的大城市里，对周边患者产生虹吸效应，极大制约了医疗均等化及分级诊疗的推进。北京大学第一医院心内科及心脏中心主任霍勇教授在《我眼中的县域医疗》一文中提出，“中国的医疗体系，不是差在协和、北大，而是在于如何提升县级医院的医疗技术水平”[②]。

尽管医疗技术水平的差距客观存在，**但以县城经济的体量和规模，短时间内提升综合水平，成为一个“全科”发展的“优等生”并不容易**。医疗技术水平的高低高度依赖人才，而县城在人才引进上存在天然弱势。浙江省丽水市缙云县卫健委公开资料显示，2019 年缙云基层医疗机构招聘，因报名人数不足核减 6 个岗位，丽水市直医疗单位计划招聘 205 名卫生技术人员，实际仅招聘 113 人，核减比例超过 40%[③]。连东南沿海发达地区都面临县城医疗人才难以引进的窘境，更不必说广大的中西部地区基层医院了。对于县城医疗来说，新兴人才被从省到市级级“截流”，骨干医生又被一层层向上“虹吸”，这些都导致县城及乡镇医院技术水平被层层削弱。

那么，县城医疗服务如何才能逆境突围？浏阳为我们展示了**以强专科为纽带带动整体医疗水平提升，持续增强医疗发展动力**的特色专科发展路径。

**首先，做什么样的专科？**

为提高对周边县市患者的吸纳能力，在专科选择上，浏阳遵循**“人无我有，人有我强”**的原则，聚焦**“什么资源强做什么”“周边患者需要什么做什么”**，采取了“一院一品”的差异化发展策略，让基层医院也能有自己强大的竞争优势。例如，浏阳社港镇江氏正骨术自清代起发展已逾百年，而浏阳骨伤科医院

① 摩尔金融：《医疗卫生新基建：补短板 + 科技带动》，https://www.moer.cn/articleDetails.htm?articleId=361752.

② 华医心诚官网：《华医心诚医生集团董事长霍勇：我眼中的县域医疗》，http://hyxcchina.cn/news/1264.html.

③ 浙江新闻：《县域医疗人才，如何把你留下来》，https://zjnews.zjol.com.cn/zjnews/zjxw/201910/t20191015_11187704.shtml.

（原社港镇医院，现为二级甲等骨科医院）作为一家乡镇医院，便凭借江氏正骨术打造出中医骨伤这一特色科室，在整个湘赣边地区打响了名气。虽然社港全镇人口不足5万，但仅2019年一年，医院门诊就诊量就超过了37万人次，90%的患者来自浏阳市以外地区，重点辐射湘赣边地区，连美国斯坦福大学医学中心副院长、骨科主任毛显光也都慕名而来。2019年，浏阳骨伤科医院业务收入也已经达到3.2亿元，而十几年前这一数字仅仅为1 000万[①]。更为重要的是，因中医正骨涵盖了中草药种植、治疗、康复等多个价值链环节，成功实现了**一家乡镇医院带活一个乡镇**的目标。社港镇镇长罗定坤在接受新华社记者采访时也说道："镇里围绕社港医院形成了住宿、餐饮、交通、中草药种植、护理等配套产业链。以陪护为例，护工一天能赚200元钱，收入水平超过很多外出务工的年轻人[②]。"

除抓住特色资源外，浏阳在专科选择上还适应患者需求，真正做到了急患者之所急。浏阳集里医院（原集里镇卫生院）为明确专科方向，由院长带领医院职工走村串户了解情况。调研后，发现浏阳人饮食口味偏重，随着人口老龄化，脑血管疾病发病率较高。但当时浏阳全域范围内并没有医院设置神经内科，综合医院如市人民医院、中医院等也都只有普内科。因此，1995年集里医院设立神经内科，经过二十几年的发展，如今已经成为湖南省最大的神经内科。而且集里医院更是少有的设有重症监护室、能做开颅手术的乡镇医院。2019年，集里医院在浏阳所有乡镇医院中收入排名第一，达到3.68亿元[③]，来这里求医的患者也遍布湘赣边界。

**其次，如何把专科做强做精？**

### 1. 挖人才！为县域医疗服务"输血"

对于县城医疗来说，选对了方向只是专科特色化发展的开始。专科建设所面临的**"缺医生—没病人—更缺医生—更吸引不来病人"**恶性循环才是医院发

① 经济观察报：《浏阳市超级乡镇医院样本：把患者留在基层就医，本市人口在市内就诊率达96%》，https://mp.weixin.qq.com/s/7D81AWcRz6_3uUgRBV2Zvg.

② 新华社：《湘赣边"超级乡镇医院"调查："逆吸"城里的患者，引来名医"暗访"》，https://baijiahao.baidu.com/s?id=1682238901600763471&wfr=spider&for=pc.

③ 经济观察报：《超级乡镇医院》，https://xw.qq.com/cmsid/20201205A0B9NU00.

展的最大障碍。俗话说“好钢要用在刀刃上”，特色专科已是浏阳县城医疗发展之“刃”。而真正能对专科发展起决定作用的医疗人才，更是十分珍贵。不同于社港医院以本土医疗资源为锚，集里医院建设神经内科可谓从零做起。

1995 年神经内科设立之初，集里医院住院病人日均仅有 30 人左右。为将专科做强做精，2005 年集里医院不惜代价引进了河北省第四人民医院神经内科专家、副主任医师齐浩波，为他开出了 10 万元年薪、一套 168 平方米的房子，并安排家属工作的薪资待遇。而在当时，集里医院院长的年收入也仅仅只有 3 万元[①]。集里医院大手笔引进人才的做法受到了浏阳全市上下的一致支持——从人事局到卫生局一路开“绿灯”，在人事档案、编制、工龄、职称上都为引进的人才解除了后顾之忧。高投入获得了“高回报”，齐浩波到了集里医院以后，很快成为神经内科的带头人，并开始培养医院的人才队伍。如今科室已经成长为拥有职工 270 余人，高级职称 13 人、中级职称 90 余人的强大专科团队[②]。

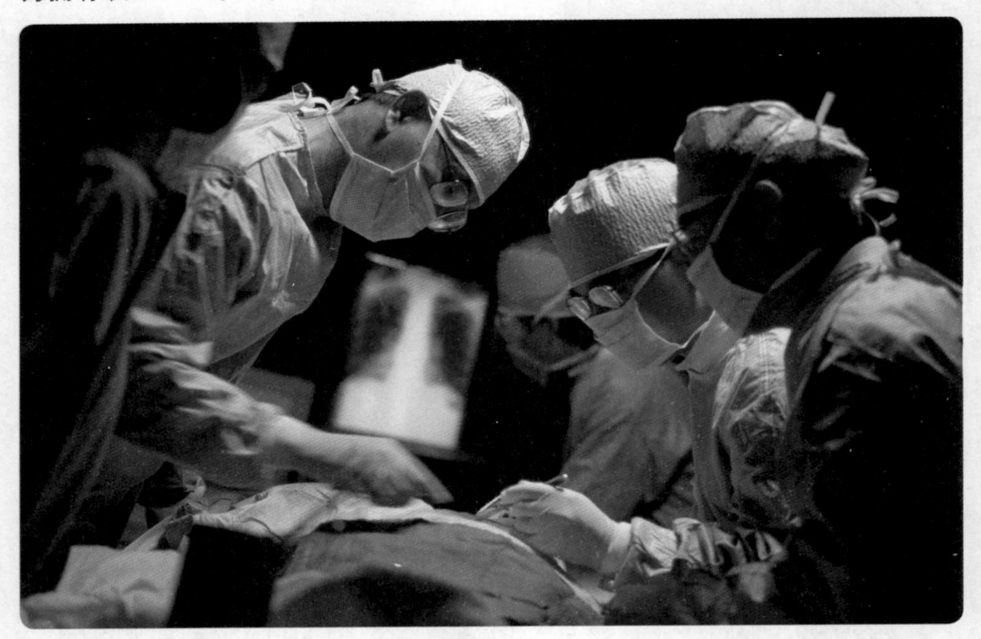

▲高技术人才是县城医疗服务发展的关键（图片来源：全景网）

① 经济观察报：《超级乡镇医院》，https://xw.qq.com/cmsid/20201205A0B9NU00.

② 浏阳卫计：《长沙市医学重点专科——集里医院神经内科》，https://www.sohu.com/a/287516990_120038452.

### 2．放手干！为基层医疗服务“松绑”

在分级诊疗的要求下，县域医疗尤其是乡镇街道卫生院的主要任务，是负责所在地区内基本公共卫生和医疗服务。但是，乡镇医疗资源的有限性决定了专科特色化发展与提供初级医疗卫生服务很难统筹兼顾。因此，浏阳在 2011 年 6 月开始实行医改，将集里医院一分为二，通过“两个机构，一个班子，两套人马，两个账户，两套运行方式，人员流动，但资源共享[①]”的方法，分别设立了浏阳市集里医院和集里街道社区卫生服务中心。前者主要承担专科和综合性公立医院功能；后者承担辖区内基本公共卫生和医疗服务。厘清了发展思路，为基层医疗服务“松绑”之后，浏阳乡镇卫生院既能满足“保基本”的医改要求，又能集中力量发展特色专科，提升医疗技术水平。

**除对基层医疗机构运营模式进行改革外，浏阳还在政策审批上进一步“松绑”**。一般来说，乡镇卫生院大多属于一级医院，在设备购置、手术权限上面临行政等级的限制。例如，在 2011 年以前，浏阳乡镇卫生院如果要购置大型医疗设备，必须向代管的长沙市和湖南省申请许可证，否则无法进行设备招标；而手术权限管理更加严格，按规定，一级医院只能进行技术难度较低、手术过程简单、风险度较小的一级手术，辅以二级手术。在这些方面，浏阳市创新性地做出改革，在设备购置上根据乡镇卫生院的专科特色和发展水平进行审批，集里医院之所以能在备案后，进行技术难度较大的开颅手术、脑血管介入手术等三、四级手术，离不开浏阳市对乡镇医院手术权限的放宽。

### 3．高性价比！构建县域医疗最强吸引力

**人才强，可以形成口碑；而价格低，才能聚集患者**。不同于大城市大医院，县域医疗服务对象具有特殊性——更多的是域内及周边地区本地城镇化亟待城镇化人口。他们收入水平有限、抗风险能力弱，因此，既能看好病价格又不高的高性价比医院，必然是他们的不二之选。社港医院地处长沙、浏阳、平江三县（市）交界，患者多为湘赣边农民。该医院擅长的中医正骨术采用传统手法复位，不用开刀，也省去了患者住院康复的费用。仅 2019 年，就为患者节

① 健康频道：《湖南医改观察 |“超级乡镇医院”背后的浏阳经验》，https://health.rednet.cn/content/2020/12/02/8667910.html.

约治疗费用超1亿元[①]。而集里医院虽然行政等级在不断提升，但收费一直维持着乡镇卫生院的水平，就算是开颅这样的大手术费用也只有省城三甲医院的一半左右。

**这些医疗机构之所以能以低价形成吸引力，关键在于成本控制**。自2012年开始，浏阳市就被选为湖南省八个取消药品加成改革试点县之一。在取消药品加成的基础上，浏阳进一步严格控制医疗耗材采购成本，精打细算，与耗材供应商“砍价”，调整医疗服务价格，主动为患者减轻负担，受到患者好评。好口碑和超高的性价比让这些乡镇医院不仅对湘赣边产生辐射，甚至吸引了来自全国各地的患者。

## 二、有舍才能有得，县城医疗人才如何逆势吸引?

正如前文所述，浏阳特色专科建设离不开以高薪挖人才。除此之外，浏阳县城医疗得以持续向前发展，最重要的是在人才引进的基础上，形成了完善的人才激励和培养机制。

### 1. 大刀阔斧！以绩效改革激发医护人员的积极性

2011年以来，基层医疗卫生机构一度实施“收支两条线”制度，即医疗机构收支结余必须上缴政府财政部门，机构本身缺乏自主权，其必要支出（包括人员工资）由财政全额安排[②]。在这样的财务管理模式下，医务人员薪酬待遇相同，医疗机构无权给予优秀医务人员更好的福利待遇，极大地挫伤了医疗卫生机构工作人员的积极性。因此，2016年医改深化，“收支两条线”也被陆续叫停。而正是在2011年，浏阳市开始推行薪酬激励改革，走出了一条不一样的路径。

从2011年，浏阳市开始允许医疗卫生机构突破公益类事业单位绩效工资调控水平，基层医疗卫生机构收入不再上缴，同时在薪酬支出、分配方案上拥有了更多的自主权。浏阳市医疗机构根据经营状况，来核定其每年绩效工资总

---

① 红网：《传承创新岐黄之术 湖南这些乡镇医院从“逆吸”到“逆袭”》，https://baijiahao.baidu.com/s?id=1682807678749780694&wfr=spider&for=pc.

② 健康界：《曾被医改寄予厚望“收支两条线”的前世今生》，https://www.cn-healthcare.com/article/20150215/content-470333.html.

额，医院效益越好，总额也越高。针对那些年业务收入多、成本控制较好的乡镇医院，则允许医院将一定比例的收支结余用于奖励性绩效发放。在2011年，这个比例就已经达到50%，2016年提高到60%①。受新绩效评定、薪酬分配政策影响，大部分乡镇医院建立起了以岗位工资为主体、以年薪制和协议工资为补充的薪酬自主分配体系。

改革之后，浏阳乡镇医院医务人员的工资，比湘赣边界其他县市同级别医院医务人员工资高出20%～30%，而社港和集里医院甚至要高出2～3倍。医生年平均收入在十五六万元，学科带头人、科室主任年平均收入可以超过三十万元，比院长还高，最高的医生年薪可达一百万元。由此，浏阳乡镇医院也开始“逆吸”大城市大医院的医生。例如，集里医院凭借优渥的工资待遇和领先的学科发展空间，在引入齐浩波之后的十几年里，又陆续引进硕士研究生21名，引进成熟的学科人才近70名②。

### 2. 稳扎稳打！以精细培养为人才队伍“造血”

**人才引进是为医疗服务队伍“输血”，而人才培养则是自我“造血”的过程。**按照人才培养计划，医院引进的人才，在工作满五年后，会被千方百计地送往三甲医院进修学习，而技术骨干，则会送往湘雅、协和、同仁等医院进修。神经内科主任黄璞嘉从湘雅医学院毕业后，在集里医院工作十二年，三次被送往外地进修学习，目前已为医院做了上百台开颅手术。同时，集里医院为及时掌握最先进治疗手段，经常派遣业务骨干去国内大医院培训。例如，静脉溶栓作为目前治疗急性脑梗死最有效的方法之一，可以使许多患者免除长期卧床及留下后遗症之苦。为熟练掌握这套治疗方法，集里医院先后派出30③多名医务人员赴天津环湖医院考察学习，现在集里医院月均可开展溶栓手术30台以上④，在救治卒中患者上跑出了“加速度”。

① 经济观察报：《浏阳市超级乡镇医院样本：把患者留在基层就医，本市人口在市内就诊率达96%》，https://mp.weixin.qq.com/s/7D81AWcRz6_3uUgRBV2Zvg.

② 经济观察报：《超级乡镇医院》，https://xw.qq.com/cmsid/20201205A0B9NU00.

③ 新湖南：《从“浏阳探索”到长沙经验》，https://new.qq.com/rain/a/20210326A0F5ZL00.

④ 浏阳发布：《3月份，浏阳这家医院卒中中心全国第一！》，https://baijiahao.baidu.com/s?id=1665257073406936395&wfr=spider&for=pc.

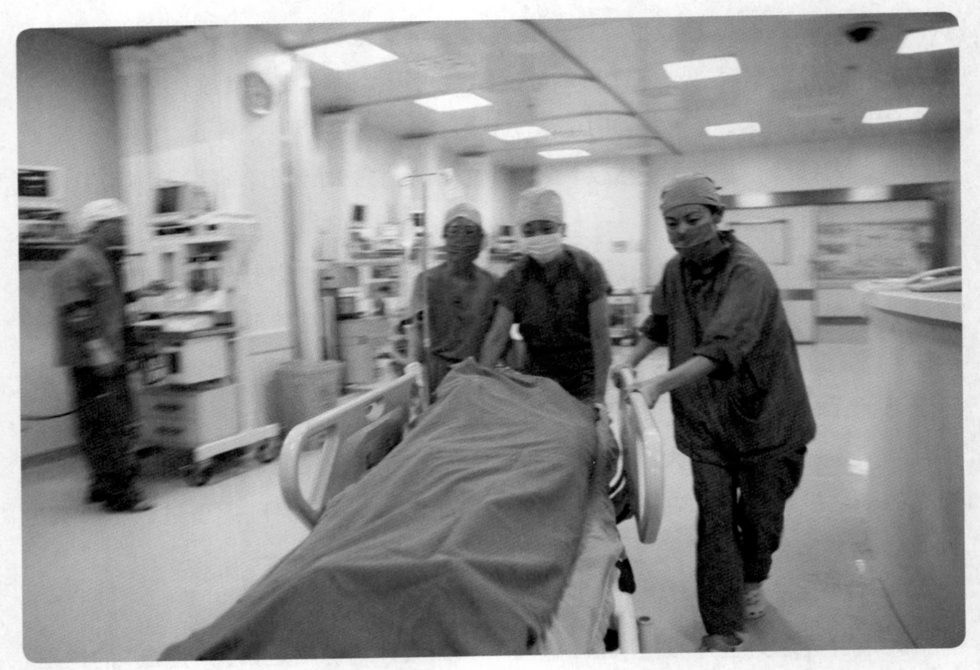

▲只有医疗技术水平的不断提升才能更好地救治患者（图片来源：全景网）

目前，浏阳乡镇医院送往大城市大医院进修的医务人员已难以计数，但在培养计划执行之初，浏阳乡镇医院无论在行政级别还是技术水平上都缺少话语权，因此向上选送医务人员进修学习并不是一件易事。为了提高医务人员的技术水平，除医院本身与大医院积极对接沟通，努力争取选派机会和名额外，浏阳政府也主动出面帮忙：卫生主管部门的领导经常邀请国内知名医院专家学者到浏阳基层医院进行参观，为派遣医务人员进修“牵线搭桥”；甚至有时连浏阳市委书记和市长都亲自出马。如今，经过数年的发展，浏阳乡镇医院已经打出了名气，得到了许多全国知名三甲医院的肯定，而人才培养工作也进行得更加顺畅。

除主动把人“送出去”外，浏阳还联合上级医疗机构进行交流协作，积极与湘雅医院、湖南省人民医院、湖南省肿瘤医院签订双向转诊协议——每年定期由省一级一流医院委派专家学者到浏阳医院交流，指导学科建设。例如，集里医院首例开颅手术，就是在湘雅医院专家的指导下进行的。借鉴顶级医院的专业学科建设经验，集里医院神经外科渐渐发展起来，并可以独立开展开颅手术。

## 三、主动才有故事，县城医疗如何“做大池子养大鱼”？

**知名的特色专科、高性价比的医疗服务和稳定的人才队伍，为浏阳县城医疗构建出相对于周边县市的比较优势。**如社港医院、集里医院这样的湘赣边“明星乡镇医院”也常年占据县域医疗机构的“C位”，作为浏阳医疗强的代表，为人们所熟知。但浏阳要在整个湘赣边实现区域医疗中枢的目标，光有几个“明星乡镇医院”还不够。因此浏阳在打造湘赣边区域性中心城市的城市战略之下，主动强化医疗相对优势，实现了从“医疗技术”到“医疗体系”的跃迁，续写了以特色专科为纽带，带动整体医疗技术水平提升的新篇章。

### 1. 联合！域内紧密合作，上下一体提升医疗服务水平

在浏阳，规模发展超前的市级综合性医院如浏阳市人民医院、浏阳市中医院等经过长时间发展，无论在综合医疗水平还是学科建设上都处于领先地位。因此，浏阳在加强对域内优质医院资金投入的同时，也鼓励规模医院及优势专科医院扶助乡镇卫生院。2008 年，浏阳市开始了医联体的探索，率先采取“大手牵小手”的方式，要求市人民医院、集里医院等大医院至少牵一个“小手”，浏阳其他乡镇医院也因此受益。

龙伏镇卫生院在 2008 年以前年门诊数只能以千人计，住院量更是只有几百人次。从 2008 年开始，集里医院主动与其结成医联体，派出医疗业务骨干常驻，投入医疗设备进行扶持；2013 年以后，集里医院逐渐放手，只留下业务管理人员，并每个月派出医疗专家进行培训指导和交流，着力培养龙伏镇卫生院自己的医务人员团队；2016 年开始，集里医院医务人员全部撤出，由龙伏镇卫生院自己管理运营。到 2019 年，龙伏镇卫生院门诊量已经是十年前的 10 倍，而业务总收入也达到 1 600 多万元[①]，形成了慢性病特色专科，还一度被评为全

① 中国经济网：《湖南浏阳：湘赣边区域“超级乡镇医院”现象调查》，https://baijiahao.baidu.com/s?id=1682205096295487479&wfr=spider&for=pc.

国群众最满意的乡镇卫生院之一[1]。

医联体的建设带动了基层医疗服务能力的提升。目前浏阳共有乡镇卫生院及卫生服务中心 35 家，2019 年域内医疗机构收入为 28 亿元左右，乡镇卫生院贡献了 12 亿，年业务收入达到 5 000 万元以上的乡镇卫生院有 10 家之多[2]，更多的“明星乡镇医院”在浏阳涌现。虽然医院数量众多，但得益于浏阳最早推行的专科特色化路径，这些乡镇卫生院都注重差异化发展，着力打造各自的特色专科。如社港医院的中医骨科、集里医院的神经内科、枨冲镇卫生院的甲亢专科、古港镇中心卫生院的中医科、龙伏镇卫生院的慢性病专科等。

浏阳医联体模式之所以得以顺利推行，一是帮扶关系下的优先转诊，二是浏阳乡镇医院强势发展的特殊性，与市一级医院积极寻求上下医联体合作。这种“双赢”局面也让浏阳医联体建设甚是红火。截至 2019 年，浏阳建成紧密型医联体 29 个、松散型医联体 27 个，市级公立医院先后下派基层管理人员和学科骨干 50 人左右[3]。这种医院联合，上下转诊体系的成功建立也让浏阳市域内就诊率保持在 96% 以上，基本实现了“小病不出镇，大病不出市”。

### 2. 跨界！域外立足湘赣，软硬兼施打造区域医疗中枢

浏阳中医骨科、神经内科、眼科等特色专科远近闻名，吸引了周边县市大量患者前来就诊。以浏阳为中心的湘赣边 12 个县市区有将近 800 万人口，浏阳紧抓机遇，以区域庞大的人口基数为依托，将县域医疗服务做大做强，着力打造湘赣边区域性医疗卫生中心。

**一方面，浏阳打破行政区划限制，积极推进跨区域信息互通，增强区域影响力**。近年来，浏阳市内公立医院陆续与湘赣边平江、铜鼓、上栗、醴陵、万载等县（市）联网，推行工伤、医保跨区域、跨省异地定点结算，使湘赣边群众就医无障碍；同时，积极推进特色专科建设跨区域共享互联，由浏阳市牵

① 潇湘晨报：《长沙 14 所卫生院获评全国群众最满意乡镇卫生院》，http://epaper.xxcb.cn/XXCBB/html/2017-01/17/content_2917900.htm.

② 新华社：《湘赣边“超级乡镇医院”调查：“逆吸”城里的患者，引来名医“暗访”》，https://baijiahao.baidu.com/s?id=1682238901600763471&wfr=spider&for=pc.

③ 湖南省卫生健康委员会：《浏阳：信息铺路三级联动 创新城乡医共体建设模式》，http://wjw.hunan.gov.cn/wjw/xxgk/gzdt/dfxx/202012/t20201218_14041815.html.

头召开湘赣边县级公立综合性医院院长论坛，成立湘赣边烧伤整形外科专科联盟、湘赣边儿童大保健联合体等；并积极鼓励市一级医院带头，与湘赣边县级公立综合性医院对接，在胸痛、脑卒中、肿瘤等特色专科上开展学术论坛、影像平台共享、转诊 / 就诊绿色通道等多种方式的交流合作。

**另一方面，浏阳加大医疗卫生基础设施投入，立足湘赣边建设高水平医疗服务机构，增强辐射能级。**例如，财政投入 6.5 亿元支持浏阳市人民医院整体搬迁，以三级公立医院高标准建设，定位为湘赣边区域性医疗中心，并支持市人民医院建设浏阳地区空中医疗救援基地医院辐射中南地区，打造危重患者紧急救治、医疗转运的“空中生命线”；而浏阳市中医医院新建的危急重症大楼，也以打造湘赣边区域特色急救医疗中心为目标，力求在满足市域就医需求的同时辐射周边县市地区。

## 四、浏阳经验，县城可以借鉴什么？

浏阳的经验具有特殊性。打造湘赣边区域性中心城市是浏阳一直以来持续坚持的城市发展战略，在这样的目标之下，打造“湘赣边科教文卫中心”已被写入浏阳城市发展规划。因此，比起一般县城，浏阳在做强县城医疗服务方面，态度更加主动和坚定，也更加具有改革的魄力。同时，受益于宏观战略的一致性，浏阳市政府、各级医疗机构可以从上到下拧成一股绳，打破各种限制，共同推动医疗服务发展。也正是因为如此，浏阳经验或许没有那么容易复制。

浏阳的经验同样具有借鉴性。浏阳的成功让我们看到了县域城市医疗服务发展的可能，以及如何通过专科突围来做大做强。一直以来，医疗资源分布不均，县城医疗能力低位徘徊的顽疾长期存在。2015 年，国家提出了分级诊疗，希望通过“基层首诊、双向转诊、急慢分治、上下联动”① 的方式实现多层次的有序就医。但到目前为止，很多县城医疗服务水平仍不高，尤其在

① 中国政府网：《建立“基层首诊、双向转诊、急慢分治、上下联动”的分级诊疗模式》，http://www.gov.cn/xinwen/2016-12/23/content_5152066.htm.

中西部边远地区。因此，对于那些与浏阳一样，位于区域边界，远离大城市辐射范围、拥有广大腹地的县域城市来说，可以尝试通过做强医疗服务构建起区域影响力。

让大部分医疗服务留在当地，符合国家对分级诊疗的现实要求；也符合“全面乡村振兴”中“强化县城综合服务能力，将乡镇建设成为服务农民的区域中心”的要求；更为县城摆脱大城市的竞争挤压，发展成为“小恒星”式城市拓宽了思路！

▲职业教育是县城崛起的新基石（图片来源：全景网）

# 职业教育：县城崛起的新基石

文 | 常 瑶 董事策划总监

本书开篇讲道，县城想要在城市极化的“逆境”中发展，就必须放大相对优势，吸引人口流量，尤其应当以“孵化逻辑”吸引年轻人口，让县城成为“梦开始的地方”。教育无疑是“孵化逻辑”下最直接的人口聚集方式。其中，职业教育由于“技术技能”导向的特质，不仅是直接吸引和孵化有职业梦想的年轻人的手段，更与产业有着天然链接，最能“为我所用”、服务地方经济。

正是基于此，职业教育也是“以城带乡”的主要抓手之一。在 2021 年公布的《中共中央 国务院关于全面推进乡村振兴加快农业农村现代化的意见》（以下简称 1 号文件）中明确提出“……在县城和中心镇新建改扩建一批高中和中等职业学校。……面向农民就业创业需求，发展职业技术教育与技能培训，建设一批产教融合基地”。

对于县城来说，想要办一所普通高等院校难度非常大，但是办一所特色鲜明、竞争力强的中高等职教院校容易得多。

浙江慈溪围绕“经济大市、职教强市”发展目标，打造了 7 个职教集团，不仅夺得 2020 年“中国职业教育百佳县市”的榜首，而且多年位居全国县域经济综合竞争力十强县（市）之列；湖南长沙县不临海又不沿边，之所以能够跻身全国“五强县”，职业教育功不可没。汝州、浏阳……众多新兴“小恒星”城市也都在依靠职业教育崛起。小县城发展大职教已经成为助力县城崛起的新基石！

## 一、职业教育，助力县城实现从人到产的三级中心聚力

### 1. 人口流量吸附力：孵化“技能成才”梦，吸引区域年轻人口聚集

县城是年轻人从乡村走向城市的驿站。如果这个驿站能够让他们拥有一技之长，获得更多在城市立足的可能，那无疑是极具吸引力的。**相比普通教育，职业教育门槛更低、就业通道更为直接，对于乡村的年轻人来说，是**

**他们实现成才梦想的一种有效途径**。根据统计，职业院校70%以上的学生来自农村，甚至有千万个家庭是通过职业教育，实现了拥有第一代大学生的梦想[①]。

从产业发展的角度看，我国当下急需生产服务一线的技能型人才，尤其是高技能的专门人才，高级技工缺口已达到2 200万[②]。如果能够拥有一技之长，无论他们最终留在县城还是流入大城市，都意味着有更高的上升通道和更好的就业前景。所以，能够提供优质职业教育，尤其是高等级职业教育的县城，必然是他们优先选择的第一"落脚点"。

对于县城而言，虽然与大城市相比不一定能永久留人，但通过发展职业教育，至少首先能吸引来一批有"技能成才"梦想的年轻人。上学就意味着消费，上学就意味着至少"起飞前"年轻人会被"固定"在这里，上学就意味着毕业后还可能有一部分年轻人继续留在县城或创业，或就业。对于县城而言，发展职业教育就是增加自身人口流量最直接的方式！

### 2. 产业能量聚集力：以人才带动产业，促进县城经济提质升级

**（1）职业教育是招商引资的重要武器。**

职业教育对于县城发展的作用不仅在于聚人，更在于促产。目前，我国大部分县城都处在亟待产业转型升级的时期，产业结构的调整最缺的就是技术技能型人才。职业教育本身就是以培养这类人才为目标的。**所以与普通教育相比，职业教育是与产业关联性最强的教育方式——最贴近、最直接、最能服务地方经济**。县城发展职业教育至少能为自身的产业发展储备一批产业工人，解决部分企业用工、招工难的问题。

有了职业院校的人才储备，就意味着有了招商引资的武器。山东聊城高唐县委书记就表示："外出招商时，发现很多制造业企业最关心的不是土地价格便宜多少、税收减免多少，而是当地能否提供熟练的技工。"[③]一家良性发展的企

① 中国高职高专教育网：《〈职教中国〉第一集〈职业教育 大有作为〉精彩解读》，https://www.tech.net.cn/news/show-92855.html.

② 搜狐网：《高级技工缺口2 200万人，缺口为何越来越大？》，https://www.sohu.com/a/339629978_214420.

③ 中国职业教育与成人教育网：《高唐职教"订单式人才"成招商引资新名片》，http://www.civte.edu.cn/zgzcw/sds/202012/58f26c7d1a044492b843a723769b672c.shtml.

业一年可能需要新增几十名技工，这对于不具有技工供给能力的地方来说，是一个不易满足的条件。**“随时能招到熟练技工”就成了县城招商引资的一个优势。** 最为典型的就是在《中小城市的产业逆袭》[①]一书中详细介绍的“德企之乡”江苏太仓。作为一个县级城市，太仓聚集了近三百家德企，其中不乏众多行业龙头企业，这在全国找不到第二个。而太仓之所以能够吸引德企在太仓“扎堆”，一个重要原因就在于太仓大力发展职业教育，尤其是与德国接轨采取双元制教育模式，确保了优质蓝领技术工人的持续输出。

▲ 太仓职业教育：苏州健雄职业技术学院（华高莱斯　摄）

**（2）职业教育本身也能成为一种产业和输出型城市品牌。**

重庆西部的永川区距离重庆主城 60 千米，原本并没有强势的产业资源。自 2004 年起，永川开始谋划建设职教城，将职教产业作为重要的城市战略来布局。至 2020 年，永川职业院校达 17 所、在校学生达 14.4 万人[②]。永川每年会

① 华高莱斯国际地产顾问（北京）有限公司 . 中小城市的产业逆袭［M］. 北京：北京理工大学出版社，2020.

② 金台资讯：《乘风破浪 永川西部职教城强势崛起》，https://baijiahao.baidu.com/s?id=1683065441758685776&wfr=spider&for=pc.

选 800 名左右的优秀毕业生进入“永川技工”人才库，将永川车工、永川缝纫工、永川国际护士、永川酒店服务员等作为技工品牌推向全国。如今，“永川技工”是在工商部专门注册的人才品牌。“学技能来永川，选人才来永川，办职教来永川，兴产业来永川”已经成为广为人知的城市口号，也吸引了长城汽车等众多龙头企业落户永川，带动了城市整体产业的升级。

**（3）对于县城经济发展来说，职业教育还是乡村振兴的重要基石。**

**一方面，职教本身其实就是一项利于扶贫的民生工程。**“职教一人，就业一人，脱贫一家”，职教在我国“十三五”期间的脱贫攻坚中发挥了重要的作用——职教累计投入帮扶资金设备超过 18 亿元，就业技能培训 14 万余人，岗位技能提升培训 16 万余人，创业培训 2.3 万余人。高职院校为贫困地区搭建各类产业发展服务平台 7 926 个，开发特色产业项目 8 421 个，引进产业项目 4 323 个[①]。

**另一方面，职教通过对乡村新人才的培养，能够促进村镇的特色产业发展。**例如，浙江开化县是中国的“根雕之乡”和“龙顶茶之乡”。为了振兴特色产业，开化县将四所职业学校合并成立“开化县职业教育中心”，大力发展职业教育。学校专门开设根艺班培养根雕工匠，学员定期到根雕企业实习实践，毕业后可直接到开化县的特色小镇“根缘小镇”就业。

同时，为传承和保护开化龙顶茶的手工制作技艺，学校还开设了茶艺专业，培养茶艺非遗传承人。学校专门开辟了 50 亩茶园供学生进行采茶、制茶、品茶的链条式学习实践，并且特邀开化龙顶茶（手工）制作技艺代表性传承人周光霖传授制作技艺。如今学校茶艺队已经成为一张金名片，多次受邀参加大型活动为家乡代言。

湖南的长沙县职业中专学校也是长沙县各村镇振兴的重要支撑：学校对民宿主进行专业培训、参与制定“长沙县民宿行业标准”，协助开慧镇发展民宿产业；给农民培训红薯叶种植，促进路口镇蔬菜产业提质；开展各村镇畜牧养殖培训……正是职业教育，促进了长沙县“一村一品”战略和“百村千品”计划的实施。

---

① 中国高职高专教育网：《〈职教中国〉第一集〈职业教育大有作为〉精彩解读》，https://www.tech.net.cn/news/show-92855.html.

### 3．产业创新引领力：以高职引领技术进阶，推动区域产业中心崛起

只是产业升级还不够，对于想要实现“小恒星”式崛起的县城来说，要成为区域中心，就必须能够在产业上引领创新，成为区域产业中心。对于这些希望成为“小恒星”式县城来说，不只是要发展中央一号文件中所说的中等职业教育，更应大力吸引和建设高职院校。因为优质的高等职业教育能够进一步激发县城的产业创新动力。

▲ 高等职业教育能够激发产业创新动力（华高莱斯　摄）

**（1）高职意味着更高层级技术技能人才的输出，能够提供更强的人才支撑。**

中职和高职的人才培养层次是不一样的。**中职培养的是一般的技能型熟练工人或一线操作工，而高职培养的是具有相当技术应用能力的高端技术技能工人，以及具有一定管理能力的企业一线技术精英，也可以称之为介于白领和蓝领之间的“灰领”。**

对于很多企业来说，一般的操作工其实是很容易找的，往往培训两三个月就能上岗，**但企业欠缺的是将工程师的设计变成工艺和产品的中间环节的人，也就是流水线主管或领班。**例如，杭州职业技术学院院长叶鉴铭就提道：“杭

州女装产业，最缺的是打板师，就是让设计变成成品的人。设计师可以高薪聘请，但品牌只有一个，要将设计师的理念与企业的品牌融合在一起，关键是靠企业的打板师。这种人一方面要领会设计师的意图；另一方面还要能够做出样板来，本科培养不出来，中职也无法培养，最适合的是高职来培养。”[①] 因此，那些“小恒星”县城发展高职，不仅对于年轻人来说意味着有了更高层次的职业通道，而且对于产业发展来说更意味着具备了更高层级产业人才的支撑。

**（2）高职意味着更大的技术引领可能性，能够提供更强的创新支撑。**

要实现产业发展并具有竞争力，必然需要科研创新。但这对于缺少大学的县城来说往往是很难的。这时如果能够积极发展高职，并且尤其注重高职的科研能力培育，则很有可能以职教撬动技术创新。甚至对于县城来说，有可能高职院校比低层次普通高校对产业的直接贡献更大。

**普通高校侧重的是“顶天式的学术科学研究”，更强调前瞻性研究、基础性研究或工程建设的研究创新；而高职院校侧重的是“立地式的应用技术研究”，更强调技术创新、工艺创新和管理规范创新。**如对于汽车制造业来说，汽缸、发动机、结构材料等核心技术是普通高校研究的对象，但如何将成熟的技术进行应用，并进行技术改造、技术革新和工艺流程的重造，则是高职院校研究的对象。高职院校的科研成果对于企业生产的促进作用更直接、更具有实践指导意义。例如，高职的研究课题可能是“切削加工中切削液对金属构件微组织的作用机理研究”：通过选择不同的加工参数进行切削实验，研究切削条件对加工质量的影响规律。这种研发创新能够对优化工艺提供指导，对于企业的实际生产有很大的影响。

随着 2019 年高职本科试点的开展，更高层次的职业本科建设，也意味着在原有高职（专科）的基础上有更高层次的应用科研追求。未来高职院校的科研力度和对产业实践的创新指导作用也将进一步升级。

**由此可见，对于县城来说，发展职业教育尤其是高等职业教育，可以逐层实现从人口流量吸引，到产业升级促进，再到科研创新引领的三级跃迁。**这也

① 黄达人，等.高职的前程［M］.北京：商务印书馆，2016：283.

是当下大批县城发展职教的动力。但是，并不是所有的县城都能够依靠职教实现强势崛起。有的县城职教也只起到第一层的初步人口流量聚集作用，并没有真正在产业和城市突围上发挥强效作用。那么，如何才能真正做到小县城“大职教”，如何才能真正让职教“为我所用”呢?

## 二、小县城大职教，需要进阶“产教融合”，真正“为我所用”

对于职业教育来说，“产教融合”是我国一直强调的重点，也是各级政府和职教院校探索的重点。2017 年国务院办公厅专门印发《关于深化产教融合的若干意见》，因为只有实现深度的产教融合，才能实现真正意义上的高素质技术技能人才培养，也才能真正发挥职教的产业带动作用，实现“为我所用”。但对于很多城市尤其是县级城市来说，要么职教与产业发展不协调，无法在产业引领上发挥作用，要么校企合作过于初级，无法真正协同发展。**对于他们来说，职教只是一种教育类型，无法成为一种教育动力**。要实现深度的产教融合，必须发挥地方政府的引导作用，从顶层设计上建立引导产教融合的机制，进而强化两个方面的“进阶”，实现真正“为我所用”。

▲ 培养高素质技术技能人才，需要注重实践性教学，推动产教融合、校企合作（图片来源：全景网）

### 1. “进阶”专业方向：瞄准产业方向，从“落后跟随”变为“同频共振”

职业教育的一大特点就是具有区域性和地方性。职业教育的专业设定必然要与当地产业契合、为地方服务。**但是不应当只是跟随城市已成熟的产业方向来设置，简单地定位为成熟产业的劳动力提供者；而是应当真正地融入产业发展，与城市的产业发展战略“同频共振”、深度融合。**

**（1）要与产业结构调整“同频共振”。**

**职业院校应当具有快速的反应能力，能够根据城市的产业方向及时进行专业方向调整，成为产业转型的紧密伙伴。**如前文提到，湖南长沙县能够跻身全国“五强县”离不开职业教育的重要作用。30多年来，伴随着长沙县县域经济的产业调整和升级，长沙县职业中专学校都同步进行了快速的转型响应[①]。

20世纪80年代，长沙县是传统农业大县，学校专注于对接农业产业。20世纪90年代到2005年，长沙县提出“打造百户现代农庄”的发展战略，从传统农业向现代农业转型，于是学校也创新农业专业，以培养“会种植、会养殖、会加工、会经营”的综合型人才为目标。2005年后，长沙县开始向“农业加工业”的复合型经济转型，学校同步开设了第一个工业类专业——工业机械制造，并增设园林等特色农业专业。2010年以来，随着长沙县域经济的壮大，学校开始对接几大重点方向进行了特色专业群的构建：对接长江经济开发区智能制造产业和汽车走廊，设置以机械制造技术专业为核心，以数控技术应用、焊接技术应用和汽车制造与检修为重点的智能制造专业群；响应长沙县“百里茶廊”“百里花木走廊”的农业发展战略，构建以园林技术为核心专业，由生态观光农业和茶叶生产与加工技术专业组成的现代农业专业群；针对长沙县“建筑之乡”特色，打造建筑精品专业群；对接现代服务业及黄花空港城的建设，优化旅游管理、航空服务等专业，构建生产性服务业专业群……正是职教的每一次快速同步反应，助推了长沙县每一次转型升级的成功，让长沙县实现了中部县城的强势崛起。

**（2）应当强化职教专业与产业方向的匹配监测。**

对于县城来说，发展职教不能追求“广而全”，不能设置太多、太杂的

① 腾讯网：《“五强县”的职教之为——长沙县职业教育发展观察》，https://new.qq.com/omn/20200724/20200724A0IXKK00.html.

专业。因为县城的容错率低，而且力量有限，应当“集中力量办大事”，抓几个与县城主导产业方向匹配的专业进行重点培养。如浙江永康是“中国五金之都”，当地的永康市职业技术学校（永康高级技工学校）紧紧围绕这一产业特色，把五金作为主专业方向集中培育，在2019年又新筹建了永康五金技师学院，全力构建永康五金技工的教育金字招牌。专业方向的选择不能只交给学校，政府层面的定期匹配监测也非常重要。

江苏省为了能够做到职教专业与产业方向的同步匹配，专门建立了“专业动态调整机制”，定期开展职业学校专业结构与产业结构吻合度调查，发布“吻合度预警报告”，引导学校科学进行方向调整。仅2019年一年，江苏省就根据市场发展走向，新增设了轨道交通、信息技术、老年服务等近300个职业教育专业[①]。只有保持职教专业与产业方向的“同频共振”，才能从一开始打好产教融合的基础。

2.“进阶”校企合作模式：找准企业需求，从“适应企业”变为“引领企业”

校企合作一直是职业教育实现产教融合的重要模式。“春江水暖鸭先知”，职业教育没有企业参与是不完整的。没有企业作为敏感风向标，学校就无法真正在实践中促进产业发展。但校企合作经常是“学校热、企业冷”，企业参与度低，甚至有的只是挂牌或签协议，并没有真正落实校企合作。于是有很多地方通过返税的方式鼓励企业和学校合作。但实际上返税对于企业来说吸引力并不大，如果不是大型合作项目，只减免几万或几十万元的税收，对于较大企业来说是没有吸引力的。让企业愿意合作的真正动力，还在于能够真正为企业培养急需的人才，或者能够帮助企业解决实际技术问题。**要实现深度校企合作，学校不能只是“适应企业”，而应当从企业的需求出发来主动“引领企业”。**

**（1）针对中小企业，强化研发引领和创新合作。**

县城往往中小企业众多，对于中小企业来说，困境之一就是缺少自己的研发创新能力。它们尤其需要科技创新和技术革新，但往往又“养不起、做不了”研发中心，对于学校科研的需求和依赖程度其实是非常高的。所以，对于这样

① 小康杂志社：《“2020中国职业教育百佳县市”榜单发布》，https://baijiahao.baidu.com/s?id=1673987699713446560&wfr=spider&for=pc.

的校企合作，应当发挥职教尤其是高职的力量，强化技术上的研发引领，如开展定向技术研发合作，共建企业研发中心、技术工作室或产学研基地等。

温州就是小型、微型民营企业的活跃地区，当地职教结合区域特色走出了职教“温州模式”，尤其在校企合作上成效卓越：温州共有 39 所中职学校、5 所高职学校，与 1 421 家民营企业建立了深度合作关系，有 102 个行业企业技能大师工作室入驻中职学校[①]。其中最典型的就是温州职业技术学院。为了引领中小企业创新，2016 年温州职业技术学院与政府共建了温州市中小企业公共服务平台，专门解决企业技术问题，成为全国首家运营“中小企业公共服务平台”的高校。同时注重与企业的研发合作，截至 2019 年，与中小微企业共建的研发中心、产学研合作基地有 20 家[②]。例如，学院通信技术应用研发平台与浙江腾腾电气有限公司共建企业研发中心，开发了基于“互联网 +”的智能路灯节能系统，并成功投入生产。

对于本身没有高职的县城，或许依托自身的中职院校难以实现研发引领。但是，县城可以积极导入外部科研资源，例如，通过与省市高职或高校内的各种研究机构开展合作办学、共建研发平台等形式，提高自身的科研能力，谋求对本地中小企业的技术助力和创新合作。

**（2）针对大企业，侧重技术改造引领和国际化人才培训**。

前文提到，职教是招商引资的有力武器，有了职教的人才储备，县城更容易吸引外来的大企业落地。但是招得来不意味着能持久留下。如果只是提供充足的技工，那么当其他地区有更诱人的优势条件时，人才很容易流失。但是对于大企业，尤其是对于行业龙头企业来说，职教可能不存在像对小企业一样的研发引领问题，因为它们往往都有自己的研发中心，在技术研发方面没有太强的依赖性。尤其是对于外企来说，根本不会把研发中心放在中国，只是布局现成的工艺流程。那么这时的校企合作就要侧重以下两个方面：

① 搜狐网：《学在温州⑦丨大有可为，温州职业教育架起高素质工匠型人才成长“立交桥”》，https://www.sohu.com/a/439099836_120207235.

② 温州职业技术学院官网：《中国职业教育：产教深度融合的温职案例》，https://www.wzvtc.cn/show/19/16482.html.

**第一，从技术改造入手，帮助企业进行工艺本土化**。例如，某个国际企业要将生产线搬到国内，虽然有成熟的生产工艺，但是要将这个线建立起来，并能够正常运转，还是有挑战的。这时高职与企业合作，就可以将一个产品在异地转化为另一个新产品，或者进行模块化更新。

**第二，从国际化人才入手，提供具有国际视野、达到国际水准的学生和企业员工培训**。例如，前文提到的“德企之乡”太仓，不仅对接德国双元制职业教育模式，为企业提供具有国际水准的毕业生，而且重点进行外资企业的员工培训。早在 2001 年，太仓就与德资企业克恩 – 里伯斯弹簧有限公司等企业合作成立太仓德资企业专业工人培训中心，在职工培训上探索出更具国际特色的校企合作模式。还有湖州的德清县也是职教大县，两所职业院校——德清县职业中专和湖州市技师学院都坚持国际化特色，与 AICC 澳大利亚国际职业教育中心合作办学。2019 年湖州市技师学院联合 AICC，开展针对龙头企业中车城市交通有限公司的“中车国际青年工匠”培养项目，通过“1.5+1”（国内一年半 + 国际一年）的中外联合培养模式，为中车城市交通有限公司定制培养具备国际语言、国际素养的符合国际化趋势的青年人才。学生毕业后可以直接服务中车德清产业基地，并优先获得内部提拔与外派“一带一路”海外项目的发展机会。

▲ 太仓与克恩–里伯斯弹簧有限公司培训合作（华高莱斯　摄）

## 三、小县城大职教，需要协同“城教融合”，做大城市特色

基于职业教育的美好前景，很多县城都在发展职教，尤其是大力建设职教城。如汝州围绕区域教育中心的目标，规划建设了科技教育园区，将全市现有的中等职业学校（平顶山市中医药学校、汝州市中等专业学校、汝州市高级技工学校等）全部搬迁到科教园区统一发展；江西安义县投资100亿元打造“江西（安义）大学职教城”；安徽肥西县也在积极谋划职教城建设……

▲ 很多城市大力建设教育功能片区（华高莱斯　摄）

**发展职教不是简单划定一个片区的逻辑，也不是建设普通大学城的逻辑。因为职教具有强产业关联性的特点，所以在规划建设时，首先必须与整个城市的产业战略和规划共振。**有的城市会将大学作为经济战略和产业指引的智库，但很少有县城将职教真正同等纳入战略制定同盟中。未来县城可以在重要的经济发展会议中将职业院校考虑进去，让学校参与战略制定，以便更加明晰如何适应产业需求。要通过政府的引导，让职教成为产业发展的重要组成部分。

发展职教还可以采取“**职教城＋产业园**”**同步规划**的方式。如职教做得较好的江苏省，明确要求教育与产业统筹规划，建立了“职业院校”与“产业园区建设”同步规划、同步建设、同步发展的互动机制。超过 60% 的县级职教中心易地建在产业园、开发区或高新区，在园区就读学生达 60 余万人[①]。这样做其实能够实现职教城与产业园的融合发展——有了产业园的保驾护航，职教城更容易找准产业方向、强化产教融合；有了职教城的紧密加持，产业园的技术和人才需求也更容易得到保障。

另外，除要与产业规划共振外，在建设过程中应当尤为注意的是，**不应该让职教城只是成为简单的学校集中区或产业园配套区，而应该在“产教融合”之上，同步做好“城教融合”**——通过“软硬兼施”，做大与职教匹配的城市建设特色，让职教真正融入城市，形成“城”“教”一体化的魅力搭建。

1．软：做“特”人才政策魅力，塑造高度重视“工匠精神”的城市形象

虽然近年来我国越来越重视职业教育，尤其在 2019 年 1 月发布的《国家职业教育改革实施方案》中指出，职业教育与普通教育是两种不同的教育类型，具有同等的重要地位。习近平总书记也指出“我国经济要靠实体经济作支撑，这就需要大量专业技术人才，需要大批大国工匠”[②]。但是与国外相比，我国依然存在职业教育“低端”的社会认知，从各级城市到普通民众，对于技工人才和工匠精神的重视程度依然不够。所以，要做“小县城大职教”、以职业教育引人聚产，首先应当像对待大学生、科技人才一样，强化对技术技能人才的重视和尊重，通过政策优惠和特色活动，塑造重视“工匠精神”的城市形象。

位居 2020 年“中国职业教育百佳县市”榜首的慈溪，不仅大力发展职业教育，而且从政策、资金、宣传平台三个方面入手弘扬“工匠精神”：加强技术技能人才的评价认定，积极落实高技能人才参照相关层级专业技术人才享受同

① 小康杂志社：《“2020 中国职业教育百佳县市”榜单发布》，https://baijiahao.baidu.com/s?id=1673987699713446560&wfr=spider&for=pc.

② 新华网：《习近平的小康故事丨“让每个人都有人生出彩的机会”——习近平和人民教育的故事》，http://www.xinhuanet.com/2020-10/26/c_1126658177.htm.

等待遇的原则，在人才公寓、购房补贴、居住证申请、子女入学等方面给予政策优惠，并设置紧缺工种高技能人才岗位补贴。同时，鼓励当地智能制造、越窑青瓷等重点产业和特色产业的企业建设“技能大师工作室”，进行技艺研发、技艺传授和技术攻关，对在慈溪新建的省、市级“技能大师工作室”给予不同程度的资金补助。另外，大力举办“技能之星”职业技能大赛，在提高技能人才社会认知的同时，实现对当地工匠精神的传承。

2. 硬：做“特”城市配套魅力，塑造量身定制的“工匠城市”魅力

除城市政策外，对于职教聚集片区和职教城的建设，从空间到配套，都应当围绕精工人才或职教学生的需求来进行特色强化，将“工匠城市”魅力“写在脸上”。如在空间上，可以强化技能人才的工匠自豪感，通过与工业结合的特色雕塑或智能制造感的建筑风格等，进行片区形象的提升。

▲ 结合城市特色进行魅力化园区环境塑造（图片来源：全景网）

同时，职教不同于普通学校，要尤其注重高质量、高水准的实训基地的建设。如长沙县为了做大职教，为长沙县职业中专学校投资 4.28 亿元，花重金打造了长沙县职业教育中心实习实训基地。校长表示：“中等职业学校拥有如此高

规格的实习实训基地，在全国都是凤毛麟角。”[①] 实训基地不仅是学校的教学配套，甚至还可以说是教育的主场。

另外，在普通商业等城市配套的基础上，可以融入职教工匠人的特色配套，例如，在宿舍区中融入不同职教专业相关的智造实验室，设置3D打印、小型工坊等功能配套设施，激发职教师生的技术创新活力……总之，无论“软”件发力还是“硬”件强化，重点在于真正将工匠精神融入城市气质中，增加城市对年轻求学者的吸引力，为想要实现梦想的年轻人定制一个更具自豪感的城市。

在城市极化不断加剧的大格局下，县城想要突围，必须“扬长”，积极构建自身独特的相对优势。**职业教育能够以最直接的“孵化逻辑”助力县城聚集区域的年轻人口流量**。而且由于本身的强产业关联性特点，**职业教育能够帮助县城最快速地实现人口流量的“为我所用”，构建从人到产的中心聚集力**。

要想实现小县城大职教的逆袭，**不能局限于学校本身的建设，要深度进阶产教融合，让职教与县城产业战略和企业发展需求“同频共振”；要最大化做足城教融合，让县城成为“大国工匠”精神的孵化基石**。只有这样，职教才能真正成为县城的一张王牌名片，真正吸引怀揣技能梦想的年轻人，真正助力县城在区域争夺战中实现“技能驿站”的强势崛起！

① 腾讯网：《“五强县”的职教之为——长沙县职业教育发展观察》，https://new.qq.com/omn/20200724/20200724A0IXKK00.html.

▲ 日本站点商业标杆枚方T-SITE（华高莱斯 摄）

# 商业综合体下沉到县城——县城吸引人口的商业突围

文 | 廉思思　董事策划总监

如今，衡量一个地方魅力的重要标准之一，在于它能为人们提供多少生活方式上的可能性。在这样的标准之下，县城似乎没有什么魅力可言。特别在本书开篇文章《县城，将何去何从？》所阐述的城市极化趋势之下，没有生活吸引力，县城吸引人口将愈发窘迫。要想在与大城市的人口竞争中不那么被动，甚至吸引一部分年轻人回归，县城就必须缩短与大城市的差距，营造年轻人所期待的生活方式。这无论对于从农村进城的年轻人，还是在一二线城市奋斗过、回流县城的年轻人，都是吸引他们留在县城的重要动力。因此，在县城为年轻人打造“城市生活梦”，是一场势在必行的行动。

那么，县城要如何打造年轻人向往的“城市生活梦”？**新的商业，是县城造梦的关键！**

## 一、用商业为县城造一场繁华“城市生活梦”

商业，不仅是一座城市繁荣程度最直接的表征，更是本地生活方式的直接展现。在北京，三里屯太古里是潮流生活趋势的风向标；在上海，淮海中路是小资与时尚的代名词。对体量不大的县城也是如此，一条商业街、一个商圈就基本展现了本地的审美偏好、消费水平、消费趋势，乃至生活方式。可以说，**商业，是县城繁华场景的高度浓缩。因此，在县城用商业造“城市生活梦”，是县城表达城市繁华最快速、最直接的方式。**

**对于县城年轻人来说，商业消费正是他们实现“城市生活梦”的核心。**得益于移动互联网的普及，淘宝、京东、拼多多等各大电商平台随之崛起，迅速拉平了整个城市之间的消费代际差。小镇青年的消费习惯与一二线城市高线趋同，他们正从潮流的追随者变成引领者。据《人民日报：阿里巴巴2020“十一”假期消费出行趋势报告》，“十一”期间，53%的商用电器卖向县域市场，48%的购买者来自小镇用户；拼多多2020年“6·18”期间，三四线及以下城市显示出旺盛的消费需求，大量来自县城、乡镇的消费者在拼多多首次购置了扫地机器人、面包机、投影仪等商品。雅诗兰黛的相关数据也显示，旗下品牌购买者分布于全国350座城市，70%的订单来自未开设专柜的城市[①]。

**消费下沉，说明人们对美好生活愿望没有地域之分**。在笔者曾经调研的河南某四线城市的某商场，其家电层早已不是传统电器的天下，各种网红电器、厨具一应俱全：珐琅双耳锅、日本丽克特recolte三明治机、英国摩飞多功能电锅、意大利nespresso胶囊咖啡机、戴森吹风机……大城市流行什么，这里就卖什么。品类之盛，款式之潮，让人意识不到这里只是河南一座普通的四线城市。“彩电要买4K高清大屏的、洗衣机要买静音大容量的、冰箱要买除菌除味双开门的”；洗碗机、净水器和扫地机器人成为县镇市场的“新三大件”……**生活在县城的小镇青年，正在“用消费构建起自己的理想生活”**。

支撑消费下沉的核心原因，是居民可支配收入增长带来的花钱底气。据国家统计局2019年公布的数据，全国居民收入和消费支出稳定增长，人均可支配收入已超过3万元（30 733元）。2019年，农村居民人均可支配收入16 021元，增长9.6%；城镇居民人均可支配收入42 359元，增长7.9%。农村居民人均收入增速快于城镇居民1.7个百分点，城乡居民收入相对差距继续缩小。县城生活成本相对稳定，收入多了，可支配的收入自然也多了。**因此，对想要吸引年轻人的县城来说，构建繁华商业，正是把握住了年轻人在县城实现“城市生活梦”的核心**。

## 二、商业综合体，是县城实现“繁华梦”的最佳载体

### 1. 商业综合体，是从大城市下沉到县城的一种新商业形态

**县级政府在考虑布局县城商业时，首先需要思考的应当是商业形态问题。因为形态不仅决定业态，更决定了人气**。一般来说，沿街门市是目前国内绝大多数县城现状的商业形态。以县城中心为原点铺开，或是本土零售的服饰一条街，或是家居电器一条街，部分餐饮业态掺杂其中……这种传统商业街式的商

① 人民日报：《小镇消费者热衷买什么？》，https://baijiahao.baidu.com/s?id=1681845016703418237&wfr=spider&for=pc.

业聚集形态虽然店铺林立，但每个铺面产权分离，各家管各家，经营分散，从经营内容到装修风格都各自为战，难以塑造出具有大城市品质的商业。

商业综合体是一种融合了购物、餐饮、休闲、娱乐，甚至公寓住宅等功能于一体的建筑体或建筑群。作为一个整体，商业综合体从建筑设计、装修风格、内部动线、业态统筹、铺面布局等方面都能进行统筹考虑。因此，在这样一个相对独立的空间里，更容易营造出县城匹敌大城市的商业繁华感。同时，商业综合体可以非常集中地提供城市生活的方方面面，让年轻人在家门口就能享受一站式的商业服务，它既是购物中心，又是休闲中心，同时还是社交中心。正如著名建筑师贝聿铭所言："一个城市，并不等于就是一堆建筑物，相反，是由那些被建筑所围圈、所划分的空间构成。"[①] **商业综合体所提供的不仅是新建筑所带来的视觉新鲜感，更是一种为年轻人所提供的新生活方式的集合。**

总的来说，在县城要为年轻人营造新生活场景的目标之下，"繁华商业"绝不是传统的商业街形态，而应是商业综合体的形态。通过商业综合体，在丰富本地商贸业态的同时，更完善了城镇功能。建设商业综合体，对于城市的复兴和发展也具有重要的意义，应当是县城实现品质提升的重头戏。

**2．用商业综合体塑造繁华县城，并不是县城一厢情愿的独角戏**

说到这，也许有人会质疑：虽然商业综合体对县城发展有如此多的好处，但开发商是否愿意来县城进行综合体开发？可以非常肯定地回答，用综合体塑造繁华县城，并不是县城一厢情愿的独角戏！

目前，大城市商业中心项目已经明显饱和，开发量过大和存量去化长久以来都是最核心的问题，实体商业迫切需要新市场和新客群。那么，新的市场和客群在哪里？县城！在县城，攒钱似乎是没有必要的。相比大城市，县城居民在购房、交通等方面的大额支出更低，"脚下有房住、手里有闲款"是大部分县城人的经济状态。同时，县城消费水平并不一定比大城市的低。数据显示，小镇青年的消费性支出比例保持在39%（全国平均比例37%）[②]，而且他们拥有更多的闲暇时间去消费：每周工作时间达到40小时的居民在三四线城市中只占

① 《天下》杂志：《贝聿铭：即使在17层楼上，也可以马上指出哪里差了八分之一寸》，https://www.cw.com.tw/.
② 南方周末：《2019年中国小镇青年发展白皮书》，http://www.infzm.com/contents/159531.

35%，而在一二线城市中则达到 50% 以上[①]！有闲、有钱、有购买意愿，县城具有强大的购买力。因此，**在城镇市场尤其是一二线城市发展相对充分的情况下，未来消费增长的潜力相当部分依赖更广阔的下沉市场，县城尤其是主力。**

以上趋势，与国内几家主力综合体开发商的布局思路不谋而合。早在 2017 年，万达开业的 51 个项目里，三线及其以下城市开业的项目就多达 25 个，占比近一半。新城控股运营和在建的 100 余家吾悦广场，61.1% 位于三四线城市，38.9% 位于三线及地级城市，22.2% 位于三线以下城市。此外，恒太商业更是一家专注于县城商业的开发商，目前正在全国十多个省持续运营 38 个城市商业综合体，包括阜阳颍上县、益阳安化县、娄底新化县等商业综合体运营，商业面积近 250 万平方米。

随着商业综合体下沉的还有一些国际知名品牌。日本服饰品牌优衣库一共进驻了中国 13 个县城，布局 18 家门店，基本上走的是百强县路径。国际咖啡品牌星巴克已经进驻 69 个县城，如合肥肥西县、湖州长兴县、衢州市常山县、陕西礼泉县等[②]。兰蔻中国品牌总经理曾说道："客人在哪里，我们就去哪里。"从 2011 年开始，兰蔻就开始品牌下沉：2011 年，兰蔻在全国 56 个城市有 135 家门店，到 2018 年，兰蔻在全国 115 个城市有 272 家门店。7 年间，城市数量和门店数量双双翻倍[③]。除此以外，蜜雪冰城、古茗早已抢占县城市场，喜茶、奈雪的茶在三线城市开店的数量，比二线城市都多[④]。越来越多的品牌正在拥抱小镇青年和县城。

一方面，从商业开发角度，在县城布局商业综合体，确实更容易获取土地资源，特别是核心地段的土地。万达集团董事长王健林就曾公开表示，三四线城市的租金回报比一二线城市更高，而三四线城市不仅可以选址中心地段，而且土地相对便宜，加上城市人口总量大，更易于万达广场的发展。另一方面，

① 搜狐：《三四五线城市购物中心消费群体研究！！》，https://www.sohu.com/a/367446825_660438.

② 星巴克门店官网：https://www.starbucks.com.cn/stores/?features=&bounds=116.426403%2C39.913324%2C116.455242%2C39.928744.

③ 腾讯网：《兰蔻 22 年增长 400 倍！欧莱雅中国加速下沉要揽下 5 亿人》，https://xw.qq.com/cmsid/20190226A0081Q/20190226A0081Q00 2021-03-09.

④ 36 氪：《喜茶、星巴克开始"下沉"，新品牌还能靠出奇制胜吗？》，https://36kr.com/p/783323148415109.

**对于县城来说，商业综合体是一种最与大城市接轨的新商业形态，一旦进入，也将轻松实现对县城传统商街或百货形态的降维打击。**商业综合体在县城的竞争优势将非常明显，很容易站稳脚跟、把持住市场。

## 三、如何在县城打造商业综合体？

### 1. 县城打造商业综合体，务必避免几大思维误区

**（1）不是所有县城都能靠商业造梦，重点要关注东部的西部和西部的东部。**

商业选址背后，有着极深的人口和经济逻辑。一个没有足够人口支撑的县城，意味着没有足够的消费能力，商业造梦也就不现实。从我国人口流动规律来看，东部地区由于产业发达，造就了更多的就业机会，迁入人口比重持续增加，而中西部区域则相反，人口保持净迁出。因此，有两类区域的县城最有机会通过商业实现繁荣：一类是东部的西部——位于长三角、珠三角和京津冀地区的县城，具有人口相对集中的优势；另一类是西部的东部——如成渝经济区、武汉城市圈、中原城市群等，在发挥自身基础的同时，享受国家优惠政策东风，也将成为人口新增长极。

无论是东部的西部还是西部的东部，在人口数量的“加持”下，都意味着有足够的经济能力来支撑消费。2020 年全国百强县中，有 68 个分布在东部、21 个在中部、8 个在西部、3 个在东北。与百强县分布一致，国内县城商业也呈现出了明显“东部聚集”的特点：目前，东部地区中小城市商业项目数量最多。新城控股全国 80 多个城市在建及开业的 100 余座吾悦广场，三四线城市占比超 6 成，而华东地区城市数量占比过半，除上海和南京等热点城市外，其余项目多分布在以昆山、张家港、义乌和瑞安为代表的经济发达及消费力强的百强县市。万达旗下万达广场项目遍布全国一至四线城市，华东地区项目数量为 114 个，也明显高于其他区域[①]。

因此，**奔赴东部的西部和西部的东部，是打造县城商业造梦的第一步。**

---

① 房天下：《黄瑜：从中小城市购物中心租金指数看商业地产市场发展》，https://fdc.fang.com/news/2019-11-11/33974380.htm，2019-11-11.

**（2）定位上，不是简单的一二线综合体的缩小版，而要根据县城实际进行特色化定位。**

对于“小卫星”县城来说，由于离大城市近，县城居民基本“抬腿就去”，高档的商业消费也都在大城市中解决了。因此，“小卫星”县城的商业综合体和“小恒星”县城的商业综合体具有很大的差异性。以日本大阪府枚方 T-SITE 为例。枚方市位于大阪府的东北部，是一个人口约 40 万的“卫星”小城。京阪电车的开通，从大阪乘坐京阪本线到枚方站大约只需要 30 分钟，枚方也因此成为大阪府下主要的住宅区。T-SITE 与枚方车站相连，是一个复合功能的综合体。

T-SITE 最大的特色在于其以“茑屋书店”为核心设置商业功能。T-SITE 的每一层都是不同的主题。例如，一层是“书店 + 美食”，在综合体首层摆放料理类书籍，并引入时下最受欢迎的人气好吃店；二层是“书店 + 音乐”，把音像制品销售区域打造成幽静、高雅的试听体验间；三层是“书店 + 咖啡”，为主打“BOOK & CAFE”的星巴克店；四层是“书店 + 女性生活”，抓住女性客户群，打造购物区、瑜伽活动区等女性生活空间。枚方 T-SITE 以书为线索的主题设置自成一格，形成强烈特色，不仅是卖书，更是卖消费者心中理想的生活方式。

▲ 枚方T-SITE一层“书店+美食”主题（华高莱斯　摄）

与之相反，对于“小恒星”县城来说，县城通常是区域中心城市，距离大城市较远，且有辐射腹地的要求。因此，**作为“小恒星”式县城，商业综合体应当是相对独立的商业体系，而且应当具备家庭导向、日常高频次的特性**。例如，日本神奈川县川崎市中原区的Grand Tree武藏小杉购物中心，卖场面积只有3.7万平方米，但每日客流量近8万人，年客流量2 000多万人。Grand Tree能够吸引如此高的客流量，在于其精准的家庭休闲综合体定位。Grand Tree有着非常明确的目标客户群——20 ~ 40岁的育儿女性，这是因为在围绕武藏小杉地区的5千米范围，有住宅约49万户，共约117万人。Grand Tree以妈妈视角，对商业业态进行重新布局。首先，带孩子来有的玩。为孩子提供绝对亲子友好的室内外游乐空间，极大延长家庭在商场的停留时间。其次，带孩子来有的吃。将最具商业价值的商场一层空间，设置为家庭购物餐饮业态，极大强化了亲子家庭消费可能，而且是高频次的重复消费。更难能可贵的是，回归妈妈们本身的社交需求，强化餐饮空间的社交功能，甚至提供可租用的社交空间。把握亲子需求进行商业布局，是Grand Tree武藏小杉最值得“小恒星”式县城借鉴之处。

**（3）目标上：不是为了“卖商品”，而是为了“卖场景”**。

根据快手发布的《2019小镇青年报告》，快手上活跃着超过2.3亿小镇青年，三线及以下城镇的用户占比达到65%，而且他们看科普美食等视频的时长是城市青年的8倍[①]。线上娱乐是县城人最普遍的娱乐方式。之所以在线上娱乐，是因为线下没有什么娱乐！“县城没什么好玩的”“县城里没什么地方可去”……县城太需要新的线下社交娱乐空间了！

**商业综合体将成为县城新的娱乐社交空间**。正如本书开篇文章第三部分所述，网购并没有让实体商业消亡。网购下沉激活的是下沉市场对商品本身的购买欲望，让小镇青年在县城也能买到一二线城市才有的品牌和商品。而数字化背景下实体商业的核心价值在于提供线下的新社交场所。可以看到的是，以屈臣氏、娇兰佳人、德克士等为代表的实体店铺，在县城正在作为社交场所出

① 腾讯科技：《快手发布小镇青年报告：看科普美食等视频的时长是城市青年八倍》，https://tech.qq.com/a/20190505/006464.htm.

现："和小姐妹们逛逛化妆品店，有时候什么也没买，却有一种莫名的快乐。"①

越来越多的商业综合体正在以社交导向的网红空间吸引年轻人。新城控股旗下的吾悦广场正是这种"社交商业"的推崇者。义乌吾悦广场凭借国内首个室内铁塔、高空豪华游艇、室内跃层树屋、空中花园等网红场景，开业客流量一举突破 80 万人次；常州武进吾悦广场，湖塘悦色的主题街区把江南的温婉动人进行了完美诠释，斑驳的青砖墙、织布机博物馆、古老的手摇电话机、传统的大戏台等场景，成为新晋网红拍照圣地；南通如皋吾悦广场的 23 街区，依靠攀岩、蹦床、篮球、举重、拳击、体操等各种免费体验项目，成为喜好运动年轻人的聚集地，在提升商业人气的同时，还拉动了运动品牌的销售。

▲ 下沉到县级的吾悦广场通过打造室内篮球场吸引年轻人（华高莱斯　摄）

### 2．县城商业综合体"造梦"的三大策略建议

**策略一：标签化——通过具有标签感的品牌，塑造小镇青年的"生活仪式感"**

信息平权后，带来的是消费平权。**小镇青年的消费升级是从无品牌或地方**

---

① 天下网商：《开店 40 000 家，狂攻小县城，"小镇 F4"是怎么爆发的？》，http://www.techweb.com.cn/news/2021-03-10/2829558.shtml.

**小品牌，向全国性甚至国际品牌升级**。小镇青年开始有更多的品牌选择权并且在逐步加深对品牌的认知："以前是买某个商品，现在是买某个品牌的商品。""以前是知晓某一品牌，现在更知道这一品牌大概是什么级别。"品牌认知体系的建立，才是真正的消费升级。因此，品牌是构成县城商业综合体"繁华城市梦"的核心，更是增强小镇青年自豪感的方式。

**哪个商场有品牌，小镇青年就在哪里聚集**。例如，嘉兴市新昌县世贸广场，星巴克、必胜客、满记甜品、一茶一坐、浪琴、周大福、屈臣氏等品牌一应俱全。人们到世贸广场来，就是奔着这些品牌来的："以前吃必胜客，往上虞跑，现在新昌店开业，路更近了。""必胜客吃饭，至少得等两个小时。""现在可以骑车去星巴克，而在半年前，为喝这杯咖啡得开车去宁波。"品牌加持下的高人气也为新昌世贸广场带来了高回报，"日均营业额 100 万元以上，半年营业额至少 2 亿元"[①]。

**城市等级越往下走，用户对价格的敏感度就越高。因此关注品牌，并不是让所有县城都走相同的品牌商业路子，而是要更多地关注与各自匹配的、具有标签感的品牌**。标签感，意味着生活方式，是一种对美好的向往，而非精英的特权，更不以价格来论断。标签感是生活仪式感、生活格调和精致度的体现。生活在县城的小镇青年也普遍渴望先进、优越的生活方式。

如果说无印良品（MUJI）是为大城市人提供日式中产阶层生活方式，那么名创优品（MINISO）则是一个对中小城市友好的品牌。为更大基数消费者提供"愉悦的购物体验与有格调的生活"，是名创优品一直以来的目标。无论家居香薰、精油还是联名 IP 的各类手办……产品虽高调绑定生活艺术、腔调和品位，但价格很亲民——90% 的产品低于 29.9 元。自 2013 年成立以来，这个强调生活仪式感的亲民品牌一路高歌猛进，从一二线城市到三四线城市遍地开花，在中国已拥有超过 2 500 家门店[②]。截至 2020 年 6 月 30 日，名创优品的有效会员数已突破 2 230 万，且均在过去 12 个月内至少购买过一次名创优品的产

① 搜铺网：《星巴克进驻世贸广场 新昌人喝咖啡再不用去宁波》，http://api.soupu.com/page/news/details/636572.

② 猎云网：《名创优品纽交所上市，"10 元店"急需新故事》，https://www.sohu.com/a/425022171_118792.

品[①]。名创优品的商业胜利正印证了小镇青年生活方式升级的需求。

**策略二：时尚化——通过潮流业态，增加小镇青年的“生活乐趣”**

（1）关注潮流餐饮的“人气效应”。

受互联网消费平权影响的还有餐饮消费习惯。悠悠万事，唯吃为大！**小镇青年对潮流餐饮的认知与一二线城市早已没有代际，而且会以更快的速度进行传播和复制，一二线城市流行吃什么，小城里就吃什么。**以新茶饮为例，相关数据显示，二三线城市的茶饮店增长率远超一线城市，二线城市增长率为120%，三线及以下城市增长率最高，达138%[②]。某新一线城市年轻人在喜茶排队买芝士奶盖时，豫北某县城的网红烧仙草店极有可能也在排着长龙。

对于商业综合体来说，通过餐饮增加客人在购物中心的停留时间，已经成为调整共识。商业综合体的餐饮比重也从过去的10%调整到超过30%，甚至更高[③]。**县城商业想通过餐饮吸引人气，就必须对接潮流餐饮趋势，吸引更多的外部时尚餐饮品牌进驻。**这也与餐饮商家的目标不谋而合：进驻商场已不是可选，而是必选！在商场开店，能快速建立品牌形象和提高认知度。外婆家创始人吴国平曾公开表示：“感觉不进商场就失去了未来的机会。”“外婆家将关掉街边店只剩马塍路一家，转而在购物中心开店。”

除以麦当劳、肯德基为代表的快餐外，日料韩餐、火锅、地方菜等领域在县城也都各有受众。通过菜品的不断创新，椰子鸡、花椒鸡、炭烤铜锅牛蛙……轮番爆红，不断收割客流。一些自带流量的明星餐饮店，更是“赢得轻松”：凭借明星效应，在短时间内便能聚集极高的流量。如演员郑凯在宁波台州黄岩区吾悦广场开的“火凤祥”火锅店，曾连续霸屏各大城市“火锅热门榜”，创下日均排队700多人的纪录。无独有偶，黄岩区吾悦广场的“上一任”火锅人气王同样是明星经营的——演员陈赫入股的“贤合庄”，开店日均等位500多

① 阿尔法工场研究院：《名创优品赴美IPO，高瓴、腾讯持股5.4%》，https://baijiahao.baidu.com/s?id=1678800285264769569&wfr=spider&for=pc，2021-03-11.

② Wise财经：《茶饮下沉市场争夺战》，https://baijiahao.baidu.com/s?id=1679065055515377944&wfr=spider&for=pc，2021-03-11.

③ 联商网：《购物中心餐饮比重已超40%“+餐饮”须因地制宜》，http://www.linkshop.com.cn/web/archives/2017/379573.shtml.

人，很多人凌晨就来取号，单日营业时间超过 14 小时。目前，“贤合庄”全国门店已经突破 600 家，这其中不乏下沉至县城的店铺。

▲ 吾悦广场以特色化的主题餐饮街区聚集人气（华高莱斯　摄）

（2）关注线下实景沉浸式社交。

以剧本杀、密室逃脱为代表的沉浸式“智商社交”，逐渐成为线下社交的风口。密室逃脱需要玩家通过寻找房间里的线索并以此推理开锁密码，在规定时间内解开所有谜题后方可成功逃脱；而剧本杀需要玩家将自己带入剧本角色中，不断收集线索，与其他玩家进行交流推理，最终找到真相。这两类游戏兼具娱乐性和社交性：无论剧本杀还是密室逃脱，都需要一定数量的参与者，在参与者人数少于主题建议人数时，游戏门店会根据现场情况进行匹配，**因此，存在与陌生人一起去密室里探索的可能性**。**另外，这两类游戏的单局时长在 4 ～ 6 小时不等，也极大延长了社交时间**。正如一些玩家所说：“你可能不太会记得玩的本子到底有多好，但会记得玩的时候和你打配合的同伙，或是特别聪明的凶手。能看到他智慧的火花，就会觉得这个人好有趣，想跟他做朋友。”[①]

① 36 氪：《剧本杀，一场年轻人逃离现实的社交探险》，https://36kr.com/p/1097917241051394.

正因其独特的形式，线下实景沉浸式社交，呈现出明显的增长态势。以“剧本杀”为例，2019 年中国“剧本杀”市场规模突破了 100 亿元，2020 年中国从事“剧本杀”的相关企业新增 3 100 多家，同比增长 63%，发展势头迅猛[①]。不仅是在大城市，而且这类沉浸式的游戏在小城层出不穷，越来越成为小城年轻人同学聚会、相亲交友的一种时髦社交手段。以镇江为例，仅半年时间，江苏镇江就新增 20 家线下店[②]。因此，**县城商业综合体也要紧跟新兴娱乐趋势，强化如剧本杀、密室逃脱等实景沉浸式社交项目，以吸引更多年轻群体的注意。**

**策略三：亲子化——以儿童业态为磁极，延长家庭消费**

县城的商业综合体，儿童主题业态是最不可或缺的！

**与大城市精准客群的商业逻辑不同，县城商业必须覆盖主流消费人群。**大城市的人口规模让商业可以只关注某一特定细分消费人群，如以“年轻人”为核心人群的北京西单大悦城、以高端白领为核心消费人群的 SKP 等。但在县城，人口规模有限，精准细分消费人群没有太大意义。县城商业要关注最具消费力的核心群体。**家庭是县城商业消费最为核心的基本单元。**恒太商业与艾瑞咨询联合发布的《中小城市消费者研究报告》显示，中小城市购物中心主要消费人群年龄在 20 到 39 岁之间，其中已婚人数占比达 76%，形成以家庭为单元的消费新趋势。

**在家庭消费之中，儿童是关键！**据腾讯数据实验室《2018 中国少儿家庭洞察白皮书》中的研究：“中国家庭花重金育儿，家庭年收入的 22% 用于孩子消费，而且这一比例在逐年提高”，可以说“得儿童者得全家”。一般来说，商业综合体最大的诉求是延长客户逗留时间，谁能越多地占有客户的时间，谁就越成功。儿童业态正有这种延长消费时间的能力。**一个重视布局儿童业态的购物中心比缺少儿童业态的购物中心年均客流高出 13%，顾客平均到店时间也会延长 5 ～ 20 分钟**[③]。儿童的活动不是独立的，抓住儿童就吸附住了家庭。正如一些消费者的反

① 腾讯网：《“剧本杀”：年轻人的社交“新宠”》，https://new.qq.com/omn/20210201/20210201A06VK600.html.

② 镇视调查：《国内市场已破百亿！“剧本杀”成镇江年轻人社交新宠》，https://mp.weixin.qq.com/s/koPPvN73SjeQSXf0GlW2ww，2021-03-12.

③ 优铺网：《大数据看市场：新街口商圈儿童业态经营现状大调查》，https://house.focus.cn/zixun/0d88f4eb220b565c.html.

馈："商场里面还有很多孩子玩的店铺，走廊里有孩子可以乘坐的小车，整体氛围很适合遛娃，在里面待好几个小时都没有觉得累，主要是吸引孩子的东西太多了。"

▲ 儿童主题业态是吾悦广场布局的重点（华高莱斯　摄）

目前，购物中心里的儿童业态已经从儿童零售延展到儿童游乐、儿童教育培训、儿童职业体验、儿童餐饮、儿童摄影、母婴服务等领域，由单一向多元化发展。在一些小城市，还出现了儿童主题式购物中心。例如，安吉泰和县天虹购物中心就集合了大型儿童主题乐园和儿童益智教育主题区、儿童主题街区 Kids Republic 等以儿童为中心的商业功能。因此，县城商业综合体必须把握亲子特性，强化儿童业态，把购物中心建成家庭乐意来的地方，不仅提升人气，而且能延展消费。

总之，在这场城市极化背景下的人口之争中，县城要成为小镇青年的成长驿站，首先必须是"梦开始的地方"。而商业，特别是商业综合体，也是实现小镇青年繁华都市梦、体验大城市生活方式成本最小、成效最高的突围方式！

▲ 让儿童友好成为城市竞争力（图片来源：全景网）

# 小县城的人情味儿——打造“儿童友好”的县城

文 | 邸 玥 高级项目经理

## 一、抢人胜算：人情味儿是县城可触摸的小确幸

### 1. 人情味儿，核心在于给人正面印象

人情味儿，一个不可小觑的“变量”。

2019年5月，马化腾通过微信朋友圈，首次透露将“科技向善”作为企业的新愿景和使命，其目的就是让科技承担起与之匹配的社会责任，最大限度地提升人民的生活福祉。以旗下的人工智能产品解决社会痛点问题为例，腾讯优图实验室利用“跨年龄人脸识别”寻人能力，帮助寻找走失儿童；“会救命的AI”对疾病风险进行更准确的识别和预测，可以有效提升临床医生的诊断准确率和效率……这些努力都在说明一点，即：如何用科技提升生活品质，让冷冰冰的技术能多一些人情味儿。不仅仅是腾讯，微软、苹果、IBM、阿里巴巴等大型企业也都在围绕科技向善开展相关行动。

由此可见，“技术至上”的竞争时代已经落幕，相比过去人们对产品功能的青睐，如今更让人期待的则是企业能否研发出“有温度的科技产品”。企业声誉也不再是以往离不开的常规“参数”——生产高质量的产品或是提供更优质的服务等，而是努力将“以人为本”真正落地，靠“人情味儿”来塑造科技企业在大众面前的正面印象。

企业都在变中求进，更何况是城市！

### 2. “软指标”树立正面印象，让城市出彩

什么才算一个城市的正面印象？过去，我们评价一个城市的发展往往会从人口、GDP、就业机会等“硬指标”来考量。但新冠肺炎疫情的发生，更加提醒我们“一个城市的优劣更值得我们重视的是其‘软指标’的建设”。这里说的“软指标”就是以“居民幸福感”作为核心参考的城市指标体系。**换言之，如果“硬指标”衡量的是一个城市的发展实力和潜力，那么“软指标”就是在告诉我们，一个城市究竟值不值得将自己的一辈子，甚至是下一代的人生托付给它。**

近期，一份榜单引起了网络热议。GaWC 最新发布的《世界城市名册2020》中显示，除无法撼动的北上广深外，长沙、厦门、郑州、西安等中部城市占据绝对优势，反超无锡、青岛、苏州等地，在榜单上异军突起①。同时，由新华社《瞭望东方周刊》、瞭望智库共同主办的“中国最具幸福感城市”调查推选活动，在全国累计约有 10 亿人次参与，经过严格遴选，长沙、西安、郑州、成都、宁波、广州、南京、杭州、西宁、青岛十座城市光荣上榜。而作为城市经济指数领跑全国的北上广深却未入围，这再一次说明了经济指数、收入水平，不再是人们幸福生活的唯一条件。

长沙作为全国唯一一座连续 13 年获此殊荣的城市②，就是将“长沙人身边看得见的变化”，如社区环境提质、教育均衡发展……“软指标”作为其构建正面形象的重中之重，将长沙努力建设成一座“多滋多味”的城市。也正因如此，长沙“青和力”排名靠前，成为“最吸引年轻人生活的十大城市”之一③。

▲ 深受年轻人喜爱的长沙“茶颜悦色”（图片来源：全景网）

① 每日经济新闻：《GaWC2020 世界城市名册出炉：成都三度跃升，郑州、西安晋级二线》，https://baijiahao.baidu.com/s?id=1675833553316724991&wfr=spider&for=pc.

② 潇湘晨报：《长沙连续 13 年获评“中国最具幸福感城市”！》，https://baijiahao.baidu.com/s?id=1683762418934466468&wfr=spider&for=pc.

③ DT 财经：《2019 中国青年理想城报告》，http://www.199it.com/archives/933765.html.

作为准城市的县城，更应该思考如何使“巧劲”来拓宽自身的发展路径。与其和大城市硬碰硬地拼“硬指标”，不如转变发展理念，让“软指标”成为抢人大战中能有一搏的秘密武器。在精明增长理念的引导下，县城应该在细微之处见功夫、见质量，着眼于构筑老百姓的“小确幸生活”。

综上所述，在新型城镇化的进程中，**县城要以构建更舒心、更美好的生活作为“软指标”，让其成为“城市建设和管理的重要标尺”，并将“青和力”提升熔铸为“竞争力”**，真正将城市打造成为人们温暖宜居的家。

## 二、理念破解：儿童友好，县城给小镇新青年的最大善意

既然“软指标”让县城有了胜算的可能，那县城的“青和力”又从何而来？选择什么样的“人情味儿”回归县城？回答上述问题，必须先搞清楚未来的县城为谁而建！

### 1. 强势吸引：追求成家立业的小镇新青年

近几年消费市场上，小镇新青年日益成为高频词汇。正如前文所阐述的“小镇新青年是18到39岁，并生活在三四五线城市，小镇回流青年和小镇本土青年融合后的群体”。国家统计局数据显示，小镇新青年的基数高达2.27亿，对比一二线城镇青年的0.68亿，小镇新青年总量远超3倍还不止，称得上中国青年人群的新兴主力军，且有高达63%的小镇新青年曾在一二线城市长期生活[①]。可以说，小镇新青年将是影响未来县城的重要变量。

（1）小镇新青年向往婚姻家庭，结婚早、生娃早。

相比一二线城镇青年，小镇新青年结婚的打算相对更早一些，他们心目中理想的结婚年龄平均为27.09岁[②]，且单身比例低于城市青年。对于已婚家庭来说，超半数已生育“二孩”。具体而言，在城镇青年与小镇新青年年龄结构相

① 新浪VR：《腾讯2019小镇新青年研究报告》，http://vr.sina.com.cn/news/hot/2019-12-03/doc-iihnzahi4823177.shtml.

② 新浪VR：《腾讯2019小镇新青年研究报告》，http://vr.sina.com.cn/news/hot/2019-12-03/doc-iihnzahi4823177.shtml.

差无几的前提下，未婚城市青年占比超55%，而未婚小镇新青年只占43%[①]。同时，在已婚的人群中，小镇新青年的有孩家庭比例远远高于一二线城市年轻家庭。

以上海为例，2019年，上海户籍人口平均初育年龄超过30岁，已婚城镇青年生育两个及以上孩子的比例为29.89%，而已婚小镇新青年生育两个及以上孩子的比例高达49.36%[②]。

（2）小镇新青年追求“精致育儿”，将更多精力投身于孩子教育和成长。

小镇新青年更是将知识和技能视为硬通货的一群人，他们不仅重视孩子的学科知识，而且重视培养孩子的兴趣爱好。与所有父母的期盼一样，他们望子成龙、望女成凤，希望下一代能够脱颖而出，过上更好的生活。有数据统计，他们每月花在子女教育上的费用平均为2 031元[③]。可以说，在孩子的教育上，已为人父母的小镇新青年更是毫不手软。

### 2. 率先瞄准：庞大的儿童人口基数

除小镇新青年外，还有一个不能忽视的特定群体——县城的孩子。据统计，在全国2 000多个县城里，容纳了全国50%以上的学生[④]，这其中主要由“内部存量”和“外部回流”两部分构成。

（1）内部存量：城镇化背景下，农村孩子“进城读书”已经成为县城教育的大趋势。

在以往，农村儿童都会选择就近接受义务教育，往往到高中阶段才会到县城读书。近年来，为了能让孩子享受到相比农村更优质的教育资源，农村儿童“进城念书”的时间明显提前。许多农村儿童从初中，甚至小学、幼儿园开始就被送到城里，家长们更是为了让孩子在县城读书在城里租房或买房。

---

① 中国青年报：《小镇青年生存发展状况如何？能读书、会消费，享受家庭也憧憬成功》，https://baijiahao.baidu.com/s?id=1692637703203247689&wfr=spider&for=pc.

② 中国青年报：《小镇青年生存发展状况如何？能读书、会消费，享受家庭也憧憬成功》，https://baijiahao.baidu.com/s?id=1692637703203247689&wfr=spider&for=pc.

③ 新浪VR：《腾讯2019小镇新青年研究报告》，http://vr.sina.com.cn/news/hot/2019-12-03/doc-iihnzahi4823177.shtml.

④ 文化纵横网站：《新青年与新个人主义丨文化纵横12月新刊》，http://www.21bcr.com/xinqingnianyuxingerenzhuyiwenhuazongheng12yuexinkan/.

究其主要原因，无外乎两个。首先，“生源流到哪儿，老师就跟到哪儿”。随着农村经济的迅速发展，农民开始像市民一样重视教育，为了让孩子“不输在起跑线上”，城乡教育资源的不均衡促使一些孩子成为进城的“先遣军”。那么，这种现象带来的结果也非常好理解：随着农村学生大量进城，农村教师的需求数量降低，进而也反向促使农村教师选择在城里就业。其次，“好师资在哪儿，好教育就在哪儿”。城镇化发展的改变让优势资源必然且不断向县城聚集。为了得到更好的发展，农村教师也会自然而然地更倾向于往城里转移，从而也会间接加速农村孩子向城里聚集。因此，从长远角度来说，为了拥有更好的教育资源、受到更好的教育，农村儿童“进城读书”是必然的结果。

（2）外部回流：受限于人口、教育政策，“儿童回流趁早”现象明显。

自 2019 年以来，随着新人口政策的提出，受异地中高考政策限制和农民返乡潮等因素影响，“回流儿童”这一群体的数量逐渐庞大起来。所谓回流儿童，是指随父母在城市生活或学习，但受限于升学政策或城市人口疏解政策，选择离开大城市返回家乡读书的儿童群体①。

《中国流动人口子女事实与数据 2020》显示，2018 年中国流动人口子女有 1.02 亿，占儿童人口总数的 36.79%②。每年仅北上广深四座城市，就有约 7 万名小学毕业生返乡③。不仅如此，“儿童回流趁早”现象也越发明显，多数儿童选择在低年级回流④。

综上所述，在“强者恒强、弱者恒弱”的抢人竞争格局下，**县城“人情味儿”的构建应以城市中的特殊居民——儿童作为“最大公约数”，以“儿童友好”为突破口，让“儿童友好型城市”成为县城主动提供给小镇新青年的最大善意。**通过打造“儿童友好型城市”来提升城市知名度、美誉度和竞争力，以此塑造县城的正面印象。

---

① 韩嘉玲 . 流动儿童蓝皮书：中国流动儿童教育发展报告（2019—2020）［M］. 北京：社会科学文献出版社，2020.

② 中国发展简报：《中国流动人口子女事实与数据 2020》，http://www.chinadevelopmentbrief.org.cn/news-24259.html.

③ 中国发展简报：《聚焦“回流儿童”：那些返乡的流动儿童》，http://www.chinadevelopmentbrief.org.cn/news-21838.html.

④ 韩嘉玲 . 流动儿童蓝皮书：中国流动儿童教育发展报告（2019—2020）［M］. 北京：社会科学文献出版社，2020.

### 3. 创建“儿童友好型城市”正当时

“儿童友好型城市（Child Friendly City，CFC）”作为城市建设理念，已经非常成熟。该倡议是联合国儿童基金会与联合国人居署于1996年启动创建的，其倡导的就是在城市生活的方方面面，将儿童福祉作为衡量健康社区、民主社会、良好治理的终极指标。习近平总书记曾强调，少年强则国强，各级党委和政府、全社会都要关心关爱少年儿童，为少年儿童茁壮成长创造有利条件。因此，无论大城市、中等城市、小城市还是社区，都应该将儿童纳入决策体系中。

“儿童友好型城市”的建设，在多个国家均有成功实践。截至目前，“儿童友好型城市”倡议已深入全球38个国家，覆盖3 000万儿童，全球范围内认证了超过3 000个儿童友好型城市和社区[①]。其中，丹麦哥本哈根、德国慕尼黑、加拿大多伦多、日本大阪、美国丹佛等都是知名的“儿童友好型城市”。

尽管目前尚未有中国城市和社区的身影，但我国也正在积极开展学术交流和建设实践，深圳、北京、上海、长沙、扬州、武汉等地纷纷在未来城市规划中融入“儿童友好”理念。例如，深圳倡导“从1米的高度看城市”，武汉强调用“1米视角”规划城市，河北固安县也启动“固安儿童友好幸福计划”……通过在城市生活、公共空间、儿童成长、健康关爱等方面不断发力，打造我国国际儿童友好型城市。显而易见，全国上下都在努力建设“让城市回归儿童”的新样本。中国关心下一代工作委员会儿童发展中心专家委员会委员李萍曾这样说过：“如果我们能为孩子们建设一个成功的城市，我们就是为所有人建设一个成功的城市。”[②]

特别值得一提的是，正在起草的《中国儿童发展纲要（2021—2030年）》也拟将“儿童友好”写入其中，这将更加有力地推动儿童友好的社会共识和实践探索[③]。

---

① 儿童友好型城市官网：*Unicef child friendly cityes and communitites handbook*，https://s25924.pcdn.co/wp-content/uploads/2018/04/unicef-child-friendly-cities-and-communities-handbook.pdf.

② 新型城镇化研究中心：《六一特刊丨助力国内儿童友好型城市发展》，https://m.sohu.com/a/399082725_280164.

③ 中国网：《儿童友好，让中国更美好——首届中国儿童友好行动研讨会精彩纪实》，http://zw.china.com.cn/2020-11/23/content_76940464.html.

## 三、弯道超车：用“超前的理念”让县城的孩子们赢在起跑线

在县城，要建设一座“儿童友好型城市”，要从哪里开始？又如何实现这份“儿童友好”的“人情味儿”？

我们必须先明白两件事，首先，县城做“儿童友好型城市”**不能像大城市一样追求面面俱到**，而是应该基于本地资源条件，直击城市痛点，精准发力，最大化避免资源的过度浪费。其次，县城做“儿童友好型城市”也**不能像大城市一样追求硬件设施的建设**，通过“砸大钱”的方式强化儿童友好度。

总之，让县城的孩子不输在起跑线上，靠的是“**超前的理念**”来引领县城“儿童友好”理念的构建。这符合花小钱、办大事的逻辑。**县城就是要靠前沿的理念补足资源的短板，形成县城独特的“软指标”，赢得人情味儿，实现县城发展的弯道超车**。

那么有哪些“儿童友好”的先进理念适合在县城运用？又应该如何落地实施？以下我们分三个方面进行阐述。

### 1. 解决最大的痛点——交通，构建“儿童友好城市·保护力”

蒂姆·吉尔（Tim Gill）曾在《无所畏惧：成长于一个危机四伏的社会》（*No Fear*：*Growing Up in a Risk Averse Society*）中提道，儿童友好城市是一个可以让孩子“随时随地自由活动”的城市，这样他们才能在成长过程中尽情享受自我[①]。

重新审视一下我们的城市，真的是“理想很丰满，现实很骨感”。笔者在这里想引用一位女性社会学家的描述，她非常恰当地形容了城市里的孩子：“城市的孩子很可怜。大人带孩子活动时，就像遛狗一样，在街上行走时，要一直抓着小孩的手，因为要时刻担心突然出现的汽车……”[②]多么真实的场景描述，很多家长都有这样的担心，但其实本不该如此。

从城市空间规划的角度看，儿童是否能独立且安全地往返于住宅、公园和学校之间，是检验“日常自由”的重要指标。但毫不夸张地说，没有几个城市可以达到这个指标。我们不妨先来做一个“冰棍测试（Popsicle Test）”，即测

① 蒂姆·吉尔（Tim Gill）. *No Fear*：*Growing Up in a Risk Averse Society*［M］. London: Calouste Gulbenkian Foundation，2007.

② 澎湃新闻网：《建设一座儿童友好城市，要从哪里开始》，http://m.thepaper.cn/quickApp_jump.jsp?contid=1569621.

试城市中的孩子是否能独自从家中走到商店买一根冰棍，并在冰棍融化前返回家中[①]。看似简单的一个测试，没有任何规划术语，却把“连通的街道或人行道、通畅的交通、足够的密度”等交通规划的短见暴露无遗。

如今大多数城市都将汽车的车权置于儿童的路权之上，导致儿童无法自由外出，过去“自由下楼打酱油”的日子可以说已经真正一去不复返了。繁杂的交通规划除了影响儿童的“自由出行”，也会导致儿童的生活变成支离破碎空间的拼凑——幼儿园、学校、商场和公园彼此都缺少步行空间的联系，这种隔离进而减少了儿童获得“独立行动”能力的机会，如克劳赫斯特·伦纳德（Crowhurst-Lennard）说的：“在这种隔离的环境下，儿童很难发展出有意义的人文情感和场所精神。”[②]

（1）县城交通问题越发凸显，面临严峻的考验。

交通问题不仅是大城市的城市病，而且正在追求城市扩张的县城同样拥有严重的交通问题。

**首先，汽车行业流量下沉，县城汽车保有量呈快速增长趋势。**厦门大学经济学系副教授丁长发曾对第一财经分析，近年来北上广深等大城市的汽车消费成本比较高，市场日趋饱和，即使东部沿海发达地区的农村，汽车普及率也普遍比较高。引领汽车消费快速增长的，主要是三四五线城市。一方面，这些地方城镇化不断加快，居民收入快速增长，基础设施不断完善，尤其是中小城市、农村路网硬化较为完善；另一方面，三四五线城市和农村的用车养护成本比较低，加上年轻人更敢于消费，所以三四五线城市和农村的汽车也越来越普及[③]。

**其次，“道路交通伤害”已成为威胁我国儿童健康成长的第二杀手。**当下，儿童伤害问题日益突出，每年全球因意外伤害死亡的儿童达到了500万人。其中，交通意外伤害是威胁儿童健康成长的重要因素之一[④]。具体而言，在我国

① SAVPJ 可持续发展之道网站：《您的城市是否通过了冰棍测试？》，https://zh.savpj.org/does-your-city-pass-popsicle-test-4853048-9538.

② ［澳］布伦丹·格利森，尼尔·西普. 创建儿童友好型城市［M］. 丁宇，译. 北京：中国建筑工业出版社，2014：62.

③ 第一财经官方账号：《哪些城市汽车多？北京遥遥领先，成都重庆包揽二三名》，https://baijiahao.baidu.com/s?id=1598162118857858648&wfr=spider&for=pc.

④ 中国青年报中青在线官方账号：儿童交通安全有了新标准 2019《中国儿童道路交通安全蓝皮书》，https://ishare.ifeng.com/c/s/7nd7THpFwom，2019 年 6 月 19 日.

1 ~ 14 岁儿童死因排序中，道路交通伤害排在第二。每年有 2.2 万名 0 ~ 17 岁未成年人因道路交通事故致死、致伤。也就是说，每小时约有 3 名未成年人因道路交通事故死亡或受伤[①]。

上述严峻的交通问题正是导致当今大多数儿童无法自由、安全且独立出行的根本原因。这不仅剥夺了儿童出门活动的机会，也剥夺了邻里交往的机会，更剥夺了儿童和小伙伴快乐玩耍的机会。如何解决这个痛点，重新还给儿童“安全的道路空间”，做到让儿童 100% 独立、让家长 100% 放心、让县城交通“足够安全”是发展中不可回避的挑战。

（2）“哈顿矩阵（Haddon Matrix）理论”是提高儿童自主外出安全指数的有效对策。

说到交通问题，就不能不说说“哈顿矩阵理论”了，它又称为“阶段—因素”理论。该理论是在 20 世纪 70 年代由美国国家公路交通安全局负责人威廉 · 哈顿（William Haddon）提出的，用于道路交通安全，主要是“识别意外伤害危险因素及研究相应干预策略的一种有效方法”。它将流行病学中的“媒介物—宿主—环境”的概念与“三级预防”的观念相结合，并在各种危险因素的“源头”控制伤害的发生，并将各类危险因素分为三个阶段，以便根据各类因素实施相应的措施，将伤害的程度降到最低[②]。具体内容见表 1。

**表 1　以交通伤害预防为例的典型哈顿模型（Atypical Haddon Matrix）**

| 发生阶段（Phase） | 宿主（Human） | 媒介物（Vehicles and Equipment） | 环境（Environmental） |
| --- | --- | --- | --- |
| 发生前（Pre-crash） | 信息、态度、身体缺陷、政治执行 | 道路行驶性、照明、刹车、速度管理 | 道路设计及道路布局、限速、行人设施 |
| 发生中（Crash） | 使用约束、障碍 | 乘员约束、其他安全设备、防撞设计 | 路边防撞物体 |
| 发生后（Post-crash） | 急救技能、医务人员 | 辅助功能、火灾风险 | 救援设施、交通拥堵 |

① 新华网：《道路交通伤害成中国 14 岁以下儿童第二杀手》，http://www.xinhuanet.com/yingjijiuyuan/2019-09/06/c_1210269929.htm，2019 年 9 月 6 日 .

② 维基百科，Haddon Matrix 词条。

实践证明，在一些高度机动化的国家，这种道路安全综合措施方法明显减少了意外伤害的死亡和重度损伤。因此，借鉴此理论，**未来县城的交通问题须将"人""车""环境"三个要素融入道路建设中，为儿童创造更安全、更可达、更有趣的交通出行空间，以满足"儿童友好"更加人性化、精细化的新要求。**

**尊重儿童路权，实现路权分配中儿童因素从弱势向强势转变。**为什么要强化儿童路权？正如前文所说，在道路规划和设计中，通常都是将汽车的车权置于儿童路权之上，儿童往往都是被忽略的弱势群体，且儿童动线也没有在道路系统中得到充分重视。因此，在"儿童友好型城市"的道路设计中，应率先将"儿童使用权和优先权"的充分实施作为重中之重的工程。如实施"儿童慢行优先"，通过合理压缩机动车空间，增设隔离设施等，保障儿童步行路权；或者强化"过街分流"，通过增设非机动车过街通道、设置天桥等过街设施，提高儿童过街的安全性。

▲儿童友好　交通标识（图片来源：全景网）

**道路环境自解释，实现交通设施从隐性向显性转变。**所谓自解释，就是将道路中重要的标志、标线、设施等全部融入道路设计里，让道路相关信息清楚地表达给道路使用者，从而最大限度地降低安全隐患。

具体而言，第一，可进行“空间界定”，提高儿童专属空间的辨识度。例如，在儿童出行相对密集的学校周边明晰学校管控区域、学生通道等专属空间；第二，导入“趣味元素”，对人行道铺装进行整体翻新，如设置地面或斑马线彩绘，在增加儿童出行趣味性的同时，起到指引、提醒的作用；第三，实施“车速管控”，通过以减速带为主、限速信号提示为辅的方式，实现对车辆的有效减速。

**固定路线设计，实现交通组织从无序向有序转变**。如今，最让广大家长、老师操心的莫过于孩子上下学的交通安全问题。接送孩子已经成为家长的常态化操作，每天早晚上学和放学高峰时段，校门口的人群密度，毫不夸张地说，真不亚于任何一个旅游景点。因此，践行“步行巴士”或“学径”概念是非常有必要的，有助于实现儿童通学的有序集散。

以起源于英国的“步行巴士”为例，是指“一群儿童在两名或两名以上成年人护送下步行上下学的出行方式”。通过以学校区域为中心，以儿童常规步速为基准，设计多条路程在15～20分钟的固定线路，沿途设置站牌和时刻表，从而有效组织儿童上下学。该概念自2004年推行以来，陆续被美国、澳大利亚、新西兰等国借鉴。

目前，深圳市正在积极推进“儿童友好”出行系统建设工作，且效果显著。2019年，深圳市交通运输局与深圳市妇儿工委联合编制了《深圳市儿童友好出行系统建设指引》。据统计，2019年上半年，深圳市交通运输局完成了北京大学附属中学、深圳湾学校等245所学校周边道路儿童友好出行设施的优化提升，包括拓宽人行道，新建自行车道，完善护栏、标志等交通安全设施等，累计增设隔离护栏10 728米，更新交通标志牌831套，施画人行横道线、减速带等交通标线40 450米[①]。且全市推行慢行系统建设，率先推出“小猪佩奇斑马线”，优化学校路段上下学高峰期交通组织，设置即停即走区。福海街道桥头小学开展的“步行巴士”试点工作，也获得儿童、家长的一致认可。

① 深圳晚报：《试点彩色斑马线，深圳推进儿童友好出行系统建设》，https://xw.qq.com/cmsid/20190725A0WNU700.

▲ 儿童交通专属空间（图片来源：全景网）

不难看出，上述这些做法并不难。深圳可以做到，县城一样可以做到。只是深圳作为沿海的一线城市率先使用了“儿童友好”的城市建设思路。对县城而言，通过引入“城市规划”和“交通管理”等前沿理念，就可以实现用“巧实力”优化道路系统，达到儿童自由出行的目的，最终，解决交通问题这一儿童安全中的最大痛点，构建起“儿童友好城市”的基础保护力！

2. 打破最高的壁垒——教育，构建“儿童友好城市·成长力”

孩子的教育，是一个永恒的话题，也是一个老生常谈的话题。2021 年的全国两会上，教育再一次成为热点。目前，我国的教育事业发展尽管已经出现了空前进步，但城乡教育的差距依然存在，甚至呈现加大的趋势。追根溯源，其背后的根本问题是“教育资源集聚在大城市，难以下沉”。

首先，大城市教师的薪资太诱人。近期，深圳中学高薪聘请教师的事件引起了广泛关注，主要是因为这所中学开出了年薪 30 万元以上的高薪[①]。显而易

① 北京日报：《深圳 30 万年薪聘中小学教师，到底算不算高薪？网友吵起来了》，https://baijiahao.baidu.com/s?id=1648163672118225951&wfr=spider&for=pc.

见，这样的薪资必然会加速县城优秀教师的流失，最终会让县城教育问题陷入“马太效应”之中，促使“县中塌陷”现象的发生。其次，大城市的教师太精英。还是以深圳中学为例，清华大学、北京大学毕业生扎堆，甚至还有牛津剑桥的高才生，66 名新教师都有着资深的学历，学位也都是硕士及以上[①]。

面对如此激烈的教育竞争，尽管国家也一直在大力扶持中小城市教育，但无论如何扶持，绝大部分的教育资源仍然被大城市占据。那么，县城是不是一点发展的机会都没有了呢？答案“肯定不是”！

（1）教育本质的变化，教育变革的新方向，正在为县城教育换挡加速。

**唯“分数论”的时代过去了，“健全人格的素质教育”是当今教育的新价值取向**。早在 2020 年 10 月，中共中央、国务院就印发了《深化新时代教育评价改革总体方案》，其根本是着力破除“分数至上”，将立德树人成效作为评价的根本标准，坚决克服唯分数、唯升学、唯文凭、唯论文、唯帽子的顽瘴痼疾[②]。在 2021 年的全国两会上，习近平总书记又再一次强调：“教育，无论学校教育还是家庭教育，都不能过于注重分数。分数是一时之得，要从一生的成长目标来看。如果最后没有形成健康成熟的人格，那是不合格的。”[③] 由此可见，让广大中小学生成为国家栋梁之材，获得健全人格的素质教育更符合今天的教育主旋律。

**“解决实际问题的能力”，也是现代教育变革的新方向**。今天的教育，更多地把目光从“教”转向“育”。不得不说，这是现代教育的一个智慧选择，孩子们通过“教”得到了知识、学历、共性……，而通过“育”收获的是潜能、能力、智慧、创造力……。充分发挥“实践育人”功能，开好综合实践活动课程，以劳树德，以劳增智，也是教育部前部长陈宝生在 2020 年全国教育工作会议上的讲话重点。“知识就是力量”在我国教育界一直是一句经典名言，但很

---

① 腾讯新闻：《深圳中学公布新教师名单，清华北大扎堆，还有牛津剑桥高才生》，https://xw.qq.com/partner/vivoscreen/20210225A0FX8A00.

② 新华社：中共中央 国务院印发《深化新时代教育评价改革总体方案》，http://www.gov.cn/zhengce/2020-10/13/content_5551032.htm.

③ 人民网：《“我们来共同关心这些教育问题”（微镜头·习近平总书记两会“下团组”·两会现场观察）》，http://sn.people.com.cn/n2/2021/0307/c378287-34608349.html，2021 年 3 月 7 日.

少有人知道后面其实还有一句话“但更重要的是‘运用知识的技能’”。很显然，后半句才是哲学家弗兰西斯·培根想要重点强调的，也应该是现代教育该有的样子。

县城的教育应紧抓新变化、新方向，在优质教育资源不足的前提下，充分发挥县城本土特色，量身打造本土教材，为孩子提供教育的“诗与远方”。

（2）“就地取材”构建县城范儿的素质教育，打破教育围墙。

2021 年，在罗振宇《时间的朋友》跨年演讲中，介绍了一个非常精彩的案例——“北京十一学校九渡河小学”，一所与北京十一学校携手，成为怀柔区实施一体化办学的山村小学。北京十一学校由于具有雄厚的师资力量、一流的环境设施、优秀的办学质量，享誉京城内外。学校先后被评为北京市科技教育示范校、北京市教育科研先进校、北京市最具影响力的中学、毕业生最具竞争力的中学等，并成为教育部、中央科教所等 10 余个单位各级各类教育课题项目的实验学校[①]。

在北京十一学校的支持下，九渡河小学的硬件设施得到了很大改善，但和绝大多数县城面临的教育困境一样，九渡河小学没有好的师资力量，整个学校只有 23 个老师，都是本地的老师[②]。作为一所山村小学，要聘来一个毕业的大学生，还要让他留在山区教书，这个难度很大。更难的是，这是在北京远郊，但凡有点能力的老师都会因为人才的虹吸效应而选择去北京城区，谁会愿意来这里？仅仅加大与北京十一学校的合作，从总校派驻教师或提供教师培训，是治标不治本的。如果名师才是学校资源的话，那对于九渡河小学来说肯定是无解的。

但是，面对如此尴尬处境的山村小学，却迎来了副市长卢彦，市委教育工委副书记、市教委主任刘宇辉，怀柔区委常委、宣传部部长鲍晓健等领导的参观调研。九渡河小学发生了什么，为什么一所山村小学能成为教育样本？**因地制宜，就地取材，在于海龙校长的带领下，“运用身边有限的资源”来解决师资**

① 北京十一学校官网：《北京十一学校简介》，http://www.bnds.cn/general/detail/108.html.

② 腾讯网：《为什么一所山村小学却成为罗胖的教育样本？九渡河小学神奇在哪？》，https://xw.qq.com/amphtml/20210106A01C9900.

**问题，用寓教于乐的方式激发“孩子主动寻求知识”**，是这所山村小学成功的关键，也是县城学校值得借鉴的经验。

**善用“民间高手”，让身边的能工巧匠成为“辅导老师”**。既然学校请不来“正经”老师，那就从“身边人”开始着手。高手在民间，牛人在乡村，于海龙校长在周边6个山村，以贴告示的方式吸引了80多位村民报名，并最终招聘到40位农村手艺人担任学校的辅导老师，他们被称为“乡村教育合伙人”①。这其中就有剪纸的、做豆腐的、做灯笼的、养蜜蜂的、养鱼的、榨油的……，他们虽然是一群平日里务农的普通村民，但在九渡河小学的教育中发挥了极大的作用。

**引入“PBL教学法”，以“任务驱动式”教学方法带领孩子在实践中形成能力**。如果你认为聘请来的村民只是给孩子增加几门兴趣课，那你可大错特错了。九渡河小学之所以能这么成功就是“把科学课的内容融进了真实实践中”，这种教学方法称为“PBL教学法（Project-Based Learning）”，将教学内容穿插、渗透到实践中，让孩子在做任务中学习，最终目的是完成一个项目②。这种方法培养的是孩子的综合能力，而不是单方面给孩子灌输知识。同时，也能令孩子保持对知识的兴趣和渴望，始终保持高昂的学习热情。

以“磨豆腐课程”为例，孩子们并非只是把豆腐做出来就算完，还要想办法把豆腐卖出去。在整个做豆腐的过程中，需要计算黄豆和水的比例，煮豆浆时需要控制温度，这些实践教会孩子了解质量单位的换算关系，学习使用仪器测量质量、体积和温度等。同时，豆腐还要成功地卖出去，这就又涉及了豆腐的定价，卖豆腐所需要的文案、招牌等，一块小小的豆腐涵盖了语文、数学的各种知识点。

在整个制作豆腐的过程中，我相信孩子们所想的不是“学习”，而是如何把豆腐做好卖出去。这种任务导向的课程完全不会给孩子带来死记硬背和刷题的痛苦，反而能促使孩子投入其中，激发孩子在面对挑战时，自然而然地寻找

---

① 人民资讯：《北京怀柔：40位农村手艺人在九渡河小学当老师》，https://baijiahao.baidu.com/s?id=1689269897312729692&wfr=spider&for=pc.

② 腾讯网：《这所北京山村小学，连得到CEO都想把孩子送进去，有啥秘密》，https://new.qq.com/rain/a/20210102a051d200.

解决办法，从而获得知识和解决问题的能力。有资料显示，九渡河小学学生制作的豆腐已经推广到了北京十一学校的食堂，以及本地的农家院和餐厅，分别和北京汇贤府餐厅、新利餐厅达成销售意向，签订了采购合同。目前，九渡河小学食堂每天能卖出 60 多斤浆水豆腐①。

在九渡河小学，像这样的课堂还有很多，一学期开设了 6 个工坊、20 多门手工课，如杨门浆水豆腐制作技术非遗传承人杨坤全的豆腐工坊，北京老韩匠传承人韩建鹏的木工坊、剪纸师傅屈广英的剪纸课……在培养孩子综合素质的同时，孩子也加深了对家乡的了解和热爱②。

北京十一学校九渡河小学这个案例，最大的魅力在于——“就地取材”中“身边人”的利用。其实，还有一类人在儿童成长过程中发挥着成人无可替代的作用，那就是——孩子的同伴。同伴之间可以提供榜样作用，从而促使孩子形成不同的社会行为、观点和态度。同时，建立和保持与他人的相互依赖，也是孩子心理健康的基本需求。有研究表明，千篇一律、毫无新意、缺乏社交等严苛环境，会危害智力发育，遏制大脑的可塑性发展。要成就更好的自己，就更需要一个具有丰富活力、关注社交、自主探索、友好自由的环境，应让孩子与之建立联系，从中直接汲取营养，获得最佳的培育，而非仅仅让知识停留在课本上③。因此，开展玩在一起的**“同伴教育”**也是教育中不可或缺的一部分。

有效实施“同伴教育”，就是创造尽可能多的游乐空间，鼓励孩子到户外玩耍，在玩耍中成为彼此的老师，让游乐空间成为孩子的课堂。这也恰恰符合儿童感知世界和认识世界的方式，游戏是儿童的天赋本能，游戏更是成长中不可或缺的。

---

① 人民资讯：《北京怀柔：40 位农村手艺人在九渡河小学当老师》，https://baijiahao.baidu.com/s?id=1689269897312729692&wfr=spider&for=pc.

② 人民资讯：《北京怀柔：40 位农村手艺人在九渡河小学当老师》，https://baijiahao.baidu.com/s?id=1689269897312729692&wfr=spider&for=pc.

③ ［法］塞利娜·阿尔瓦雷斯．儿童自然法则［M］．蔡宏宁，译．北京：生活书店出版有限公司，2019：24.

▲同伴教育（图片来源：全景网）

**强化“混龄教育”，创造更多的相互交往。**为什么要强调混龄？不妨先回忆，我们小时候在学校里是不是喜欢找不同年级的小朋友一起玩？有研究发现，不同年龄段的孩子经常接触，会产生人为塑造不出的积极影响，这种现象被纳入教育中，称为混龄教育（Play-Debrief-Replay，PDR）。该概念是由美国著名教育学家 Selma Wassermann 教授提出的。Play 是指提供机会让孩子玩创造性及探索性的游戏；Debrief 是指帮助孩子反思自己的游戏经验；Replay 是指鼓励孩子通过重玩来巩固先前的经验[①]。

多年龄层的孩子在一起玩耍，彼此之间就会自然地担当起小老师的角色，相互探索指引，并以孩子自己的方式来交流经验、互通知识。不仅如此，混龄也让所有孩子能接触多样的行为举止，感受比同龄交往更为丰富的社会关系机制，从而能更易于适应多样化的社会环境，并获得强烈的融入感。

① 新浪网：《PDR 混龄时间，让孩子适应真实世界》，http://k.sina.com.cn/article_5995423050_1655ae54a00101lk06.html?from=baby.

**游乐功能“差异互补”，有助于孩子全方面能力的培养。**游乐空间除了是儿童之间最好的交往平台，还是除学校外寓教于乐的重要场所。因此，在一定范围内的儿童交往圈，其儿童游乐场所的功能应互不相同，彼此形成差异互补。孩子在不同功能的游乐空间中进行流动，可以培养各方面的能力，进一步增加孩子与同伴的交往机会。

以深圳首座儿童友好型公园龙岗区回龙埔公园为例，该公园在原市政公园的基础上，增加 24 米科普画廊、科普体验设备及植物科普互动 3 大板块、10 多个科普项目，形成集科普教育、互动体验、娱乐休闲于一体的多主题公园[①]。公园内的儿童娱乐广场也充分迎合儿童喜好，既有低龄儿童喜欢的滑梯、沙池等，又有大龄儿童喜欢的秋千、攀岩等设施，成为各个年龄段孩子喜爱的游乐天堂。同时，公园游乐空间也采用鲜艳的颜色，既激发想象力，又能培养孩子对色彩的感知。“固安 · 儿童公园”同样如此，多种类型的体能拓展设施给不同年龄段的孩子提供了一个可以锻炼、交友的专属乐园。

回到县城教育，其实县城教育落后不是教育硬件落后，也不是缺少“见过世面”的老师和家长，而是需要真正理解教育的意义和本质。因此，与其让孩子空懂一身道理，不如突破传统教学观念的束缚，顺应自然，以“回归教育本真”为方向，用先进的教育理念创造和谐的教育生态，让孩子自主、快乐学习。

### 3. 创造最好的“适儿化设计”环境，构建“儿童友好城市 · 氛围力”

在目前的城市建设中，对儿童友好的理解相对狭隘，通常的做法都是为孩子提供更优质的民生服务，例如，政府投入扩建学校，优化绿地系统，或提升空间的商业价值，以“儿童”为主题开发儿童商业综合体，引入儿童餐厅、儿童乐园等，将“儿童主题”与“城市功能”的结合等同于“儿童友好型城市”的建设。

其实，创建一座真正适合孩子的“儿童友好型城市”，应该优先注重儿童发展的需求，配备适合儿童年龄特点的设施，让各个不易察觉的细节之处体现出为孩子着想的友善感。也许有人会说，很多城市在公交车、地铁上已经考虑了“老幼病残”特殊人群的需求，这没什么新鲜的。但是，请你仔细想一想，

① 深圳侨报：《深圳首座科普主题公园：回龙埔公园开门迎客》，https://jz.sznews.com/jhxt/files/szxw/News/202001/03/263479.html?prolongation=1?prolongation=1&nid=263479&share=1.

老幼病残的照顾座位真的“够友好”吗？如此大的年龄跨度，为什么座位的长、宽、高往往是单一且统一的。这种统一标准下所谓的“儿童友好”，其实往往对孩子而言并不足够舒适，严重的还会面临极大的安全风险。

因此，在“儿童友好型城市”建设的过程中要**主动换位思考，必须重视小朋友的需求，充分考虑孩子的使用感受，按照儿童的身高阈值和能力去设计，对城市整体进行“适儿化设计”，且对“不够友好”的现象更加敏锐捕捉并修改，才能真正称得上一座“儿童友好型城市”**。

（1）借“厕所革命”打开儿童友好大门，强化儿童友好新“厕”略。

近年来，“如厕难”这件事已经在不少城市得到显著改善，给人们的生活带来更多方便。随着新一轮厕所革命的开始，厕所已经不仅停留在让“方便”更方便这件事上了，而是浓缩成了一个度量文明程度的标志。各个城市都在纷纷打造公厕样板，五花八门的功能都设计在厕所里，超高的颜值和贴心的服务，刷新着人们对于公厕的认知。例如在嘉兴，厕所变身“城市驿站”，11座公厕被打造成提供综合配套服务的休闲之地，人们可以在里面喝咖啡、看书、休息……[①]

可惜的是，唯独没有见到“儿童友好型公厕”，虽然很多县城在新建的商圈开始注意到了儿童如厕的问题，设置了儿童便池、洗手盆等，但仍有大量公厕未体现出儿童关爱。未来，县城可借厕所革命之风，重点强化“儿童友好”，第一，可在公厕风格上突出暖色调和清晰易懂的卡通标识；第二，在功能上配套母婴室，并提供护理台、暖奶器、一次性床垫等服务设施，便于低月龄儿童的妈妈使用；第三，设计亲子卫生间，配置婴儿座椅、儿童坐便器、儿童高度的安全抓杆等，保障儿童如厕安全。

（2）尊重“儿童特权”，让儿童基础设施成为城市标配。

与上述“老幼病残”座位一样，城市中尚未充分配备适合儿童尺度的基础设施，这里说的儿童基础设施不是说建设一个儿童活动空间系统，而是在城市规划和设计等方面遵从“儿童特权”，以“儿童利益”优先，切实建设服务儿童行为、生理等需求的基础设施，从而提升城市全域的儿童友好度。

① 嘉兴在线：《美！老旧公厕“变身”城市驿站，可以休息、看书、喝咖啡》，https://www.cnjxol.com/54/88/202008/t20200809_652598.shtml.

▲ 亲子洗手间　上海元祖梦世界（华高莱斯　摄）

有研究表明，儿童友好街道环境应以 95 厘米的高度为标准进行设计。因为三岁儿童的平均身高是 95 厘米，孩子眼中的世界和体验都与成人有所不同。由于身高因素，孩子比成年人更易于接近建筑设施、垃圾桶、铺装等细节[①]。因此，应充分考虑儿童群体的需求特征，从城市到社区，设置贴近“儿童尺度”的公共基础设施，如适合儿童高度的公共座椅、交通指示灯、垃圾桶、台阶等，并以不同色彩加以提醒，优化城市儿童居住环境。

作为积极推动“儿童友好型城市”建设的深圳，在尊重“儿童特权”方面也走在全国前列。2020 年 5 月，深圳首座儿童友好型天桥“彩虹桥”完工。该桥位于教育资源丰富的罗湖区，为了保障周边幼儿园、学校孩子的过街安全，天桥的设计最大化地向儿童的权益倾斜。特别值得一提的是，天桥在方案设计阶段曾向罗湖区儿童征稿，并从中归纳总结，全面落实在天桥的改造中。该天桥为呈现活泼和童趣的风格，整体立面采用 186 块彩色渐变亚克力板。设置儿

① 搜狐网：《请以 95 厘米的高度设计街道①关注儿童需求》，https://www.sohu.com/a/430502829_260595.

童扶手，安装儿童无障碍标识，地面采用橡胶地垫，也是为了让儿童上下楼梯更有安全感。同时，在灯光设计上，杜绝儿童视线上的泛光，让环境对儿童的眼睛也更加友好。未来，“彩虹桥”还会在植物的配置上进一步优化，更多选择驱蚊防虫的植株，并将天桥绘画大赛中获奖的作品放在天桥展出。广东省建筑设计研究院高级建筑师磨艺捷表示，天桥的建设和落地，让广大的市民对“儿童友好型城市”的认识不是停留在政府的文件和宣传画上，而是可以从具体的实物、为市民做的服务项目上感知[①]。

像深圳一样，县城的“儿童友好”发展更应一切从细节入手，在建设上要像绣花一样，用最暖心的手法拉近与居民的距离，让细微之处见真心、显水平、显魅力。

（3）提供精细化服务，解决儿童出行问题，让遛娃不再辛苦。

儿童出行，是让绝大多数父母头疼的事，除要背着孩子的必需用品外，无论去公园、景区还是去商场……每每出行，童车都是必备品，但笨重的童车携带起来总是让很多家长有苦说不出，能够提供童车泊车的商场、童车租赁的景区也并不多见。有数据统计，我国每年新生儿出生人口 1 800 万左右，2 ~ 7 岁亲子群体接近 1 亿规模，按照一个家庭为三口之家计算，将有 3 亿人口需要童车服务[②]。尽管儿童出行市场大，但童车租赁式服务的渗透率只有 8%，自助式供给的服务在其中更是可以忽略不计[③]。

目前，利用共享的概念，有些城市已经出现了“共享童车”产品，比如熊猫遛娃、娃出没共享童车等。以熊猫遛娃为例，该产品以自营模式在上海、杭州、绍兴、聊城等 7 个城市中 20 多个场地投放了共享童车。就像现在常见的共享单车一样，扫码付款借车，分时计算费用，租赁费为 3 ~ 5 元 / 小时，10

① 深圳新闻网：《深圳首座儿童友好型天桥已完工》，http://www.sznews.com/news/content/2020-05/29/content_23202926.htm.

② 法瑞纳集团：《共享童车一款更具人性化服务的共享儿童代步童车》，https://baijiahao.baidu.com/s?id=167888328815670606&wfr=spider&for=pc，2020 年 9 月 27 日 .

③ 搜狐网：《“熊猫遛娃”提供自助童车分时租赁服务已投放 7 城 20 场所》，https://www.sohu.com/a/224314249_649045.

元包天[①]。未来，在城市管理中可率先开展儿童出行服务，大范围投放共享童车，不仅能满足儿童需求，更重要的也是为家长解决了一大难题，如此友好、贴心的服务肯定会为“儿童友好型城市”加分。

对于县城而言，能不能真正把人吸引来，大家会不会考虑来到这座城市，“儿童友好型城市”的打造可以说是一个非常重要的举措。要想真正实现这一美好期许，不是喊喊口号，也不是出台一系列儿童友好政策那么简单，而是要“蹲下来”规划城市、建设城市、治理城市。过去，县城常常讲发展速度，但现在我们正处在一个由注重速度向质量转型的时期，站位儿童视角审视县城发展，才能真正使县城“赢得童心”，成为一个拥有绝对吸引力和竞争力的有人情味儿的城市！

① 搜狐网：《“熊猫遛娃”提供自助童车分时租赁服务已投放 7 城 20 场所》，https://www.sohu.com/a/224314249_649045.

▲ 浙江温州瑞安市（华高莱斯　摄）

# “售城处”里看未来——拉动年轻人“入股县城”的利器

文 | 徐　闻　高级项目经理

我们都知道，一个楼盘在销售过程中，为了让房子卖得更好，往往会预先打造一个售楼处，让潜在顾客通过参观精心布置的样板间，来提前畅想未来在这里生活的场景，随之激发消费行为的发生。这种通过“将未来提前展示”的手法在楼盘销售过程中屡试不爽。

**一个县城发展需要更多的年轻人“入股”，他们选择在这里安家、置业与工作，为这个城市投资自己的青春与财富**。对于一个县城来说，拥有越多这样的年轻人，未来也就拥有越多的动力！因此，为了打动这批年轻人，县城也需要精心打造一块“售城处”来展示和售卖自己，让这批年轻人坚信在这个城市生活一定会拥有美好的未来。这便是人们通俗理解的“售城处”的定义与作用。

## 一、县城的发展为什么一定需要“售城处”？

可能很多人会质疑，一个县城人口有限、资金有限、规模有限，真的需要预支银两提前打造一个“售城处”吗？万一失败怎么办？

答案是，必须！正如开篇文章所表达的观点，在当下城市发展如此极化的时代，在县城发展面临“非生即死”的局面下，一个县城若想保有竞争力，必须有“售城处”。有它未必一定见效，但没它注定是慢性自杀。

### 1. 县城的明天在于人，而他们需要“可触摸的未来”

在开篇文章中，作者已经反复强调了年轻人对于一个城市，乃至县城发展的重要性。只有越来越多的年轻人“入股”，一个县城才有未来。

在本文中，我们将对县城所高度依赖的“年轻人”进行进一步的拆解。这些选择在或暂时在县城发展的人可以是在外闯荡、有了见识、回归家乡建设的有志青年，可以是数量不多却对本地带动影响巨大的职业经理人与产业精英，也可以是已经半只脚踏进这座城市的本地大学、职教学校的学生等。**他们是“小镇梦想家”，是一个县城发展真正的希望与同路人。**

**这批人共同的特点是——见识过大城市的精彩，回归县城却多少有些无奈。**

2019年中国社会科学院调查数据显示，三四线城市小镇青年中近半数曾在一二线城市生活①。与父辈们不一样的是，这一代小镇青年的受教育水平普遍提升明显，其中71%拥有大专及其以上的学历②，这使得他们拥有更广阔的视野。另外，随着移动互联网的普及，这些小镇青年更是抖音、快手及小红书的重度爱好者，在信息壁垒逐渐被打破的当下，他们可以轻而易举地在线上遇见一线城市的繁华。

这些见识过大城市精彩的小镇青年回流趋势明显。据统计，他们平均在外生活3.1年后选择回到老家，逃不过与大城市"三年之痒"的定律。③虽然他们或因高房价，或因职业发展等种种原因选择回归县城，但见识过精彩世界的他们内心终究多少还是有些不甘。

**对于这类"小镇梦想家"来说，他们既要稳稳的幸福，同时又向往不输于大城市的精彩。**既然选择回归县城，他们便甘愿接受"平凡小城的朴实无华"的设定，但若能拥有"可触摸的都市繁华"则必定更能激荡起他们内心的共鸣，也必定会加注其"入股"这个县城的信心。

### 2. 县城若要引人聚智，"售城处"即为"引流载体"

由此可见，县城的年轻人渴望都市的繁华，但原有传统的县城建设无法满足他们当下日益调高的"口味"。见过精彩世界的他们，也希望在县城看到现代夺目的城市夜景，也希望在高档写字楼里奋斗青春，也希望体验到大都市的品质消费，也希望能不出远门听一场演唱会、看一次艺术展……

要想实现上述生活，县城完全照搬照抄大都市是不切实际的，最优解便是打造一片"售城处"，即在城市中切一小块高度浓缩、集中承载年轻人都市梦想的地方，一块真正不输于一线城市的"小飞地"。这个精心雕琢的"售城处"，代表着一个县城未来的发展方向与战略远见，更代表这一个县城为欢迎年轻人所下的决心与承诺！

① 南方周末网：《2019年中国小镇青年发展白皮书》，http://www.infzm.com/contents/159531.

② 南方周末网：《2019年中国小镇青年发展白皮书》，http://www.infzm.com/contents/159531.

③ 南方周末网：《2019年中国小镇青年发展白皮书》，http://www.infzm.com/contents/159531.

“售城处”承担着县城吸引年轻人的重要使命。对于大部分县城来说，“售城处”是开篇文章中介绍的县城人口“水池模型”开闸放水的初始动力，是引流聚智的核心载体。也只有用超预期的“售城处”率先打动年轻人，才能让越来越多的年轻人一见倾心，“入股”县城，也才愿意在这里押注未来。不仅如此，随着年轻人的持续聚集，城市建设的滚动效应也将越发明显，通过“售城处”这个“点”可以有效带动县城这个“面”的品质提升。

因此，无论从人才抢夺的角度还是助推城市建设来讲，在县城间竞争越发激烈的大背景下，“售城处”的建设不仅具有重要性，更具有紧迫性！

### 3. 其实“售城处”也没那么贵，性价比高且试错成本低

想必很多人一听到上述描述的“超预期”的生活场景，不禁眉头一紧。看似美好，这要花多少钱，承担多少风险？这就不可回避县城的现实矛盾——巧妇难为无米之炊。

诚然，很多县城是缺钱的，也承担不起风险。结合1994—2017年的统计数据，在全国五级政府中，县级政府的财政自给能力[①]仅为0.46，比中央财政、省级政府、地级市及乡镇政府都低，处于最低水平[②]。不仅如此，由于受近些年经济新常态和减税降费的影响，县级财政弹性系数逐步下降到2017年的0.44，财政压力也进一步加大[③]。甚至更有县城因盲目追求“大而全”，反而全县举债。如贵州的独山县，因为没有充分结合实际，建了大量北上广都用不上的昂贵建筑，借债400多亿元，每年支出利息就多达数十亿元[④]。这样的现状之下，县城是既没钱又输不起。

面对这个必答题，“售城处”则是最具性价比的解决手段。首先，它是试验田，投资成本可控。“售城处”本身是在县城中选取一小块“飞地”进行实验性打造，侧重的是浓度而非规模。结合全国目前的县城类似“售城处”的打造

---

① 财政自给能力是各级政府负责征收收入与本级支出的比值，用于反映各级财政在收入上缴、接受补助之前的财政状况。财政自给率数值越大，表示财政自给能力越强；反之越弱。

② 搜狐网：《如何减轻县级政府的财政压力》，https://www.sohu.com/a/423721722_260616.

③ 搜狐网：《如何减轻县级政府的财政压力》，https://www.sohu.com/a/423721722_260616.

④ 新浪财经网：《贵州独山县负债400亿元 投资人称多只融资产品出现违约》，http://finance.sina.com.cn/stock/stockzmt/2019-11-15/doc-iihnzhfy9478165.shtml.

案例来看，一般控制在 3 ~ 5 平方千米，绝大部分控制在 10 平方千米以内。正是由于这种点状开发而不是全域铺开，才控制了成本。正是由于规模小，政府可快速调整，降低试错风险，对出现的偏差可及时补救。最终，整体效率高，易出效果。由于规模小，开发周期也大大缩短，可以快速成型。

综上所述，县城发展“售城处”是必选动作，是县城吸引更多年轻人“入股”的引流载体，同样也是县城可负担的高性价比的选择！那么，结合县城实际，应当如何在有限的前提下，打造一个县城版的“小飞地”，做到小有小的精彩呢?

## 二、县城应当如何打造一个“经济实惠”的“售城处”？

本部分将重点展开县城“售城处”打造的策略，具体将从在哪建、建什么和怎么用三大方面进行解读，使之真正做到在压缩成本的同时成为市民亲之、用之、乐之的人气中心。

### 1. 在哪建？——新城老城算算账，还是增量带存量

好的选址是成功的一半，那么究竟在哪里选择建设“售城处”最为合适呢?答案是用增量空间带动存量空间提质是更优选择。笔者分析目前中国县城类似“售城处”的建设案例发现，绝大部分的县城都会在城市新区进行“售城处”建设。例如，慈溪的文化商务区、桐庐的迎春商务区、长垣的大学城片区等，无独有偶，均选在了城市尚未充分开发的新片区建设。

这主要是因为选择在新开发区建设具备以下优势：

**首先，能压缩时间成本**。新片区开发往往土地产权明确，政府或其委托企业主要负责土地前期一级开发便可快速推进后续建设。并且一张白纸好作画，便于规划和快速出形象。而县城已有建成区域改造，面临权属复杂、空间有限、改造建设束手束脚等众多问题，新片区开发大大节约了时间和经济成本。

**其次，能提高城市效率**。在前面《以城带乡，县城的价值机遇》一文中已清楚地分析了城镇化率对于县城的重要意义，以及城市规模对城市效率提升的影响。而通过新片区的开发可以快速提升城镇化率，进一步做大县城中心。一方面，带动本地更多农民城镇化，释放更多空心村的指标，盘活乡村资源；另一

方面，进一步做大做强县城中心规模，在与周边县域竞争中获得比较优势。

**最后，能激发联动效应**。好的“售城处”的选址还能优化城市结构，带动片区发展。例如，慈溪在谋划文化商务区建设时，便与区域大型发展战略共振，充分衔接宁波杭州湾新区建设，引导城市向北与更大经济体融合发展，真正起到以增量带存量的发展效果。

2．建什么？——既要惊讶于外在，又要长情于内涵

**首先，我们要弄清楚县城“售城处”的核心是要营造出“都市感”，而非等比例缩小复刻一个“都市”。“都市”和“都市感”的混淆也是导致很多县城陷入债务泥潭的根本原因**。很多县城没有充分考虑自身实际与规模，照搬照抄大都市作业。例如，很多县城大兴土木修建大规模商务区、打造超大规模的中央公园、修建大尺度的体育场，但无人问津。笔者认为，“都市感”的画面可以采用“拿来主义”，但都市的功能要因地制宜、量力而行。

“售城处”的建设无非是“壳”和“瓤”的问题。

**（1）规划先行，多花设计的钱，少花建设的钱**。

在这里我们可以借鉴浙江桐庐的例子。桐庐被誉为中国最美县城，很多人都惊讶于桐庐的城市建设，从高速下来驶向城内，不禁发出“这看起来一点儿也不像县城”的感叹。这个人口仅为 41.88 万人[①]、面积为 1 825 平方千米[②]、富春江穿城而过的小县城，并没有大笔着墨、大兴土木建设，而是扬长避短，突出山水意境，还江于城，定位营造现代版的“富春山居图”，着力建设山水相望的世界级景观长廊。几重水墨丹青，寥寥几笔便勾勒出江南风格的都市未来画卷。

**桐庐高度重视前期规划，突出城市美学**。从政府官网信息了解到，自 2007 年年起，仅在风貌控制方面，桐庐便陆续推行了一系列规划和制度指导，如《桐庐迎春南路城市设计》《桐庐美丽县城建设综合标准化试点》《桐庐县域风貌控制及竖向空间规划》《桐庐县绿道系统专项规划》《桐庐县国家森林城市建设总体规划》《桐庐县城镇规划管理技术规定》《桐庐县城市照明分区规划》等。桐庐另一巧妙之处在于利用大众深有共鸣的经典古画“富春山居图”为依托，以

① 桐庐县人民政府官网：《人口状况》，http://www.tonglu.gov.cn/art/2018/10/17/art_1229243446_54756216.html.

② 桐庐县人民政府官网：《地理位置》，http://www.tonglu.gov.cn/art/2018/10/17/art_1535180_21974472.html.

其美学意境为指引，在这个城市中再现现代版的"富春山居图"，使之既有画面感，又有传播力！

**不仅如此，桐庐更擅长结合自身优势，以山水为卷，轻盈着墨。**在《桐庐县域风貌控制及竖向空间规划》中，便明确要求通过对桐庐现状山水资源的梳理，把握山水特征，以突出山水景观骨架为前提，构建城市整体结构性山水通廊、景观视廊。在整体山水格局框架范畴内，结合山水特征，研究建筑空间（高度、体量、天际线）布局模式、控制要素，实现山水空间与建筑空间的有效融合①。可以说，在现代版的"富春山居图"中，桐庐突出的是自然山水，而城市建设则为点缀。

▲ 桐庐县城市规划展览馆沙盘（华高莱斯　摄）

**在实际的风貌建设中，桐庐敢于给画面留白，只是率先框定了依山望水的最美景观视角。**随即便是在这一最具明信片画面的视角之下，勾勒一条由几栋

① 桐庐县人民政府官网：《〈桐庐县城风貌控制及竖向空间规划〉公示》，http://www.tonglu.gov.cn/art/2019/12/16/art_1572937_41051849.html.

最能抓人眼球的现代楼宇排列组成的商务景观大道。仅仅通过几栋楼宇、一条公路及大面积的自然山水，举重若轻间便勾勒出最具现代气息的“富春山居图”。

**（2）因地制宜，物业筛选与配比三思而后行**。

那么，有了一个未来感的画卷之后，具体应当在壳里填写什么内容呢？很多县城的中央商务区（Central Business District，CBD）失败、人气不足的根本原因在于空有样子，而实际物业与需求高度错配。

**商务要慎重**。如果县城不考虑产业实际而模仿大都市建设很多高大的写字楼，那就大错特错！大都市是因为有众多楼宇经济才建了写字楼，而不是建了写字楼才有了楼宇经济。就如同，是因为大都市本身很需要金融、法律、咨询、广告、媒体、知识产权、互联网等相关服务，才建设了很多写字楼。并不是因为城市建设了写字楼，城市就自然催生出很多金融从业者、律师、顾问、媒体广告人、知识产权工作者和码农等。就以在全国经济领先的佛山市为例，制造业极其发达，但制造业发达的城市所高度依赖的往往是生产性服务业，而这类产业绝大部分直接选择在工厂就地服务，并不需要大量的写字楼。这种实际需求与物业错配，使得佛山写字楼空置率位列全国第二[①]！因此，对于绝大部分县城来说，其产业仍以传统制造业和农业为主，本身在第三产业尚不发达的前提下，贸然建设大量写字楼，必将面临写字楼大量空置的风险。

**住宅最稳妥**。既想拥有都市感的外形，又不适宜建设大量写字楼，那么住宅公建化对于县城来说便是最好的选择。一是住宅公建化提升了高层住宅的立面，使之强化了都市感的风貌，以居住代办公同时保证了人气。二是现代时尚的高品质住宅也是吸引年轻人回归的利器，甚至县城可以挑几栋拥有最佳景观的住宅打造成“青年公寓”，给年轻人初入县城一个安家之地，也能进一步刺激年轻人的回归。例如，江苏的丰县、浙江的嘉善县、安徽的凤台县等地已陆续实施起来。三是兴建住宅获得土地财政，顺势解决部分县城政府的财政压力，便于片区的滚动开发。

**文化是王牌**。那么一个县城的“售城处”除拥有高品质的住宅和高楼林立

① 搜狐网：《佛山写字楼空置率全国第二！新城降了，租金最高还是……》，https://www.sohu.com/a/409520145_120103892.

的现代化城市形象外，还与大都市拥有哪些差距呢？一个是更加时尚的商业，这个已在前面《商业综合体下沉到县城——县城吸引人口的商业突围》文章中有过详细介绍；另一个便是不输于一线城市的文化生活。尤其是当下，县城年轻人的文化诉求崛起，他们越来越喜欢把钱花在精神享受上。2016—2020 年，三四线城市和县城电影票房占比不断升高，2017 年影片《战狼 2》票房中，一线城市占 18%，二线城市占 40%，三四线城市和县城占 42%①。其实小镇青年并非不愿享受高雅文化，只是缺乏机会。现在，大部分县城都有较好的电影院，却很少有剧院、博物馆等高雅文化场所。因此，面对这样的空缺，如果在县城里便拥有了类似的"超配套"，率先补齐与大都市的文化差距，那必定会大大提升年轻人"入股"县城的信心。其实很多县城，如昆山、慈溪、诸暨、孟津、苍南等，也已经建成或计划建设博物馆、剧院、文化艺术中心等文化片区。不仅快速提升了城市形象，而且是城市人人可参与体验的人气中心，更大大提高了市民的文化自豪感与幸福感！

▲ 浙江温州瑞安城市规划展览馆（华高莱斯　摄）

① 光明日报：《引导 + 扶持小镇青年走向出彩人生》，https://baijiahao.baidu.com/s?id=1692614347583560401&wfr=spider&for=pc.

### 3．怎么用？——人气外显为手段，重复利用是目标

**文化片区成功的关键是要看场馆设施与人之间的互动关系，躺在草坪上读书是一种文化表现，门可罗雀的剧场就只是一个冰冷的建筑物。对于县城来说，文化片区的开发重点在于人气而非规模**。实际上，只有看起来有很多人聚集，才会最终真正实现很多人聚集。因此，如何增强重复利用率，带动人气外显度，时刻保持人气吸引力才是文化片区开发考虑的核心重点。

**（1）超浓缩：功能复合提升重游率。**

在这里我们可以借鉴浙江慈溪，该县城的文化商务片区在建设过程中充分考虑了县城实际，尽可能在聚集空间添置复合功能，以提高片区的重游率。

一是在文化商务片区的核心区，围绕明月湖紧密建设的四栋极具未来感的建筑中，便容纳了慈溪大剧院、慈溪城市展览馆、慈溪市青少年宫、慈溪市博物馆、慈溪科技馆、保利国际影城、徐悲鸿文化艺术馆、洪丕谟艺术馆、非物质文化遗产展厅等多元文化设施，同时，兼具布局休闲、餐饮、购物、公园等相关配套。**真正达到一个小小片区五脏俱全的效果，给大众创造了多个前往的理由。二是重点场馆的多功能用途，既增加了可重复利用率，又实现了市场化创收**。例如，慈溪便对大剧院场馆进行分时租赁，在这里已陆续举办了政府两会、共青团代表大会、慈溪经济风云榜颁奖盛典、慈商大会、东南区余慈高端圈层品鉴、祥生地产展销、安琪儿幼稚园毕业典礼、飞天舞蹈艺术学校舞蹈教学、宝恒 BMW 车主答谢会等众多活动，拓展了营收渠道。**三是整个片区围绕明月湖呈围合式布局，步行尺度导向，引导人们向片区中心聚集。真正做到“包子有肉都在褶上”，带动人气外显度，逐渐做热区域。**

**（2）超品质：以高标准文化内容为引入核心竞争力。**

另外，高品质的文化内容输出才是吸引大众持续前来的根本。对于县城而言，往往建设场馆简单，但是真正运营起来则困难重重。

**内容上，建议县城“抱大腿”，让专业的人干专业的事**。其实一个县城若想单靠自身力量引来国际及国内一流的演出团体非常困难，一是成本大，二是难以持续。方法一便是像慈溪大剧院一样，主动同北京保利剧院管理有限公司（以下简称保利）合作。与此类似，加入“保利大家庭”的还有昆山、泰

州、淮安、诸暨、宜兴等地的剧院[①]，截至目前保利共委托管理全国 70 余个场馆[②]。借助保利的内容创造渠道与引入平台，县城便可享受其规模化的红利，既能降低运营成本，又能享受高品质的文化艺术内容。方法二则需要“老天爷赏饭吃”，即依托本地的能人效应。例如，江西的会昌县是台湾著名舞台剧导演赖声川的故乡，2015 年借赖声川重游故乡之际，会昌县便积极争取将赖声川的戏剧种子留在会昌。赖声川自此也开始了一项与戏剧、与剧场有关的“实验”，他计划每年夏季带一部戏剧回家乡，演给父老乡亲看，特别是演给当地青年看。与此类似，四川的大邑县也是借助当地民营企业家樊建川，修建了高品质的建川博物馆。

**标准上，设备器材是关键，不该省则不省。**一流的设备才会引来一流的团队。一个文化场馆是否能与一流的创作团队牵手，核心还是在于设备器材能否支撑高水准的演出。例如，昆山文化艺术中心大剧院采用先进完备的舞台灯光和音视频系统，能满足各种不同演出使用功能要求，主 / 备调光台采用美国 ETC-EOS/ETC GIO，主 / 备数字调音台采用丹麦 VISTA9/ 英国 Soundcraft，主扬声器系统采用美国 JBL 系列产品[③]。其储藏间内安装了精密空调，可将温度范围设置在 18 ℃ ~ 24 ℃，湿度范围设置为 40% ~ 60%，主要用于存放德国施坦威钢琴、LUDWIG 定音鼓、竖琴等贵重乐器，乐器品种齐全，可满足各大型乐团的使用[④]。正因如此，牵手了国际众多的艺术团队如意大利圣雷莫交响乐团等前来表演，自成立以来年均演出量 100 多场[⑤]。

**（3）超时间：用科技提前展示未来。**

若要使未来县城“售城处”成为县城的人气中心，提前将科技感写在脸上也不失为一种好办法。对于一些现在看来“不太应该在县城”出现的高科技也

① 北京保利剧院管理有限公司官网：《剧院管理》，https://www.polytheatre.com/business-theatre.php?cat_id=19.

② 北京保利剧院管理有限公司官网：《综合性集团化剧院管理企业》，https://www.polytheatre.com/about.php.

③ 北京保利剧院管理有限公司官网：《昆山文化艺术中心大剧院》，https://www.polytheatre.com/business-theatre-view.php?id=62.

④ 中票再现官网：《昆山文化艺术中心—大剧场》，https://www.chinaticket.com/suzhou/venue/1378.html.

⑤ 北京保利剧院管理有限公司官网：《昆山文化艺术中心，大剧院》，https://www.polytheatre.com/business-theatre-view.php?id=62.

未必就不能在县城落地。例如，山东省高青县获 2018 年巴塞罗那第八届全球智慧城市博览会城市“数字化转型”奖，成为县城探索智慧城市的先驱者。据估计，按省会、地市级、区县级三级行政单位按保守、中性、乐观估算智慧城市的投资规模分别为 100 亿元、300 亿元、500 亿元，10 亿元、30 亿元、50 亿元，1 亿元、3 亿元、5 亿元[①]。对于县城来说，智慧城市的投资一般为 1 亿 ~ 5 亿元[②]，相较于县级政府的财政收入来说并不大。再如浙江省德清县则以自动驾驶扬名。参照国内最大创新者社区“极客公园”2020 年 6 月发布的“中国自动驾驶测试 19 个热区”榜单，德清作为唯一上榜的县级市在全国城市自动驾驶发放测试牌照排名中位列第七，在测试企业数量排名中位列第三[③]。县城往往在流程申请、路测价格及多元测试场景方面独具优势，因此也成为落地的一大诱因。现在的德清县中心就有自动驾驶车辆进行测试。

未来若能在“售城处”享受到一流的文化盛宴，同时又能体验到未来科技，那么，势必会大大提升年轻人“入股”县城的自豪感。“有没有”才重要，“多不多”是次要，提前展示的不仅是科技实力，更是一个县城创造未来美好生活的决心！

综上所述，县城“售城处”关乎县城未来人才引进的根本，是任何县城都不得不回答的命题。然而，一个有吸引力的“售城处”不是仅仅简单地将大都市的形象和功能等比例缩小复刻，**而是应当结合县城实际，用“超用心”来代替“超规模”，在哪建设、建什么、怎么用，都应当用心地去设计。也只有这样才能真正实现“小城大名堂”！**

在这场不进则退的城市极化大潮中，希望每个有进取心的县城都能百舸争流，奋勇向前！

---

① 搜狐网，《2020 年中国及各省市智慧城市行业投资规模及发展前景分析乐观估计将近 5 万亿元》，https://www.sohu.com/a/412610597_473133，2020 年 08 月 11 日 .

② 搜狐网，《2020 年中国及各省市智慧城市行业投资规模及发展前景分析乐观估计将近 5 万亿元》，https://www.sohu.com/a/412610597_473133，2020 年 08 月 11 日 .

③ 极客公园官网：《一篇文章告诉你，中国自动驾驶测试 19 个热区都在哪儿？》，http://www.geekpark.net/news/260784.

▲ 日本静冈县滨松市滨松城（华高莱斯　摄）

# 从“文旅融合”到“城旅融合”——招商视角下的县城旅游发展

文 | 张凤洁　高级项目经理

县城为什么要做旅游？对于这个问题，县城似乎都知道“标准答案”——“打出县城的知名度！为县城引来人气！”没错，县城需要做旅游，很多县城也在这么做。但是如果细究起来——“县城到底该做什么样的旅游？”有些县城即使做了旅游也没想清楚这个问题。对于资源有限的县城而言，这种“不明不白”地做旅游，无疑会有很大风险。那么，县城到底应该如何“明明白白”地发展县城旅游？本文将从一个新视角对县城旅游发展进行解读。

## 一、县城旅游的打造不仅要“文旅融合”，更要“城旅融合”

**县城做旅游，主要有两种模式，一种是B2C形式的旅游，即针对普通游客，也就是消费端的“文旅融合”模式。这种发展模式是要将旅游打造成为支柱产业，做成旅游强县。**很多县城对这种“文旅融合”的旅游发展并不陌生。挖掘本地文化，打造本地景区，吸引外地游客，很多县城都是这么做的。但是，不是所有县城的“文旅融合”都能最终成功。而且从经济收入的角度讲，很多县城的旅游即使成功，比较当地工业产业收入而言，也很难称为支柱产业。那么为什么即使如此，很多县城也在做旅游呢？实际上，是因为很多县城并不知道还有另一种旅游发展模式的存在，即：**针对商务人群的“城旅融合”模式。这是一种B2B形式的旅游模式。“城旅融合”的发展要义在于：发展旅游不是目的！发展旅游是手段，目的在于树立城市品牌，提升美誉度、向往度、人气度，从而在投资者领域“混个脸熟”，助力招商引人。**

很多县城由于不知道“城旅融合”，直接以做景区的“文旅融合”模式来进行招商，结果虽然投入不小，但是产出不大。实际上，从城市发展和“算经济账”的角度来看：“文旅融合”需要天时地利人和，它只是少数县城的“可选项”，不是所有县城都能做成功的；而“城旅融合”则是大多数县城发展的“必选项”，是所有县城都应该努力做到的。

这两种旅游模式到底有什么区别呢？

### 1．做好“文旅融合”，打造旅游强县，是少数县城的可选项

通常，我们认知中的旅游大县大多数并非经济强县，这是因为做好文旅产业本身对城市条件有诸多严苛要求，而大多数县城资源有限——**要想真正成为旅游强县，首先至少要具备“强资源”“大通道”“大客群”三大条件之一**。

“强资源”是指“老祖宗”留下的高能级文化资源和“老天爷”赐予的绝美自然景观，如山东的曲阜凭借孔子故里名扬天下，内蒙古呼伦贝尔下属的牙克石以“冰雪旅游”创造了 2020 年旅游收入 2.73 亿元[①]的好成绩。

“大通道”是指拥有高速、高铁、机场等交通优势，便于游客直接到达，如河南三门峡本身拥有“清水黄河白天鹅”的上等摄影旅游资源，但其旅游经济发展离不开自身优越的交通地理条件。三门峡位于北京至郑州再至西安的高铁线上，且专门设有“三门峡”站。游客从北京、西安及其他大城市乘坐高铁不需要转乘，就能直接到达三门峡。

“大客源”是指那些紧邻大都市消费腹地的中小城市，即便没有“强资源”，也可以凭借大市场，通过打造成“大都市微旅游中心”（City Break Center，CBC）[②]，从而获得成功，如北京密云区的古北水镇、广州周边的“温泉之城”“漂流之乡”清远和紧邻上海的“西塘水乡”浙江嘉善等。

即便拥有上述条件，也并不意味着必然能成为旅游强县，一道“硬关卡”在于城市必须算明白旅游的经济账。

**打造旅游强县，要求城市具备能够支撑旅游产业化的财政能力**。景区的开发与运营本身就是一笔巨大的支出，近年来，因融资问题而“暴雷”的景区数不胜数。同时，我国大多数地区旅游淡旺季明显，这就要求城市也能支持酒店、景点、服务区等相关设施在淡季正常运转。这就意味着要做大旅游，城市就要先付出“钱的代价”。

**县城旅游产业本身经济体量尚且较小**。《全国县城旅游研究报告 2020》显

① 漫游之旅：《内蒙古牙克石市：从“景点旅游”向“全域旅游”加速迈进》，http://www.zslw.org.cn/a/130.html.

② 华高莱斯国际地产顾问（北京）有限公司 . 未来十年的旅游［M］. 北京：北京理工大学出版社，2020：70.

示：2019 年，全国县城旅游综合实力百强县平均实现旅游总收入为 226.56 亿元，其中，旅游总收入超过 200 亿元的仅有 57 个县[①]。这意味着大多数县城实际上无法通过“门票经济”“床板经济”实现“致富梦”。

**因此，“文旅融合”的核心在人，要“用游客吸引游客”，即通过高能级的景区，吸引更多的游客前来消费，这并不是所有县城都“有资格”入场的领域。但“城旅融合”的核心在商，要“用商人吸引商人”，即通过更具魅力的城市和产业，吸引更多的投资者“入股”，实现“不赚小钱赚大钱”的目标，这是所有县城都需要发力的重要方向。**

### 2. 做精“城旅融合”，促进招商引人，是大多数县城的必选项

为什么说“城旅融合”是县城的必选项呢？我们可以通过我国“城旅融合”领域的先锋城市——苏州来说明其中的道理。

苏州可谓“文旅融合”发展的样板型旅游强市。姑苏老城拥有拙政园、狮子林、留园等列入世界文化遗产名录的资源。因此，主打江南水城特色的“吴文化”品牌，着重向游客展示“小桥流水、粉墙黛瓦、古迹名园”的独特风貌景区和“昆曲评弹、苏绣苏扇”等非遗文化魅力。此等姑苏韵味、江南盛景让全国游客心向往之。

在展示“古韵”之外，苏州更着力打造了凸显城市“今风”的另一块旅游招牌——苏州工业园区。该景区主打面向 B 端客群的商务旅游，如今该片区内的金鸡湖景区已是国家 5A 级景区，作为全国唯一“国家商务旅游示范区”集中展示区，2019 年接待游客达 1 690.36 万人次[②]。**与老城内凭借“门票经济”赚钱的“文旅融合”不同，苏州工业园区内几乎所有的景点都不需要门票，核心目的是让园区“人气更旺、商气更浓、品牌更响”，通过提升城市魅力，助力招商引产。**

所谓“商务旅游”（Business Travel），是指旅游者以商务为主要目的，到外地或外国进行的商务活动及其他活动，通常包括谈判、会议、展览、科技文

① 新华网：《2020 年全国县城旅游研究报告隆重发布》，http://www.xinhuanet.com/enterprise/2020-07/31/c_1126308437.htm.

② 金鸡湖景区官网：http://jinjilake.sipac.gov.cn/youkezhongxin-361.html.

化交流等[①]。商旅客群与大众游客的不同在于：虽然他们也会产生住宿、餐饮、交通、游览等旅游行为，但这些行为都从属于其商务活动目标下，休闲并非他们的第一目的，工作才是。

**因此，商务客群的核心关注点就是城市发展、营商环境而非传统景区。站位这一视角，苏州工业园区打造了一系列商旅特色景点：**苏州工业园区展示中心通过 VR、LED、非接触动作识别等趣味技术展示园区的创新成就和未来蓝图；中国基金博物馆等文化展馆讲述苏州千百年来积淀的商业底蕴和接轨国际的金融环境；环湖步道、水上栈桥让人能近距离感知"以绿为脉、以水为魂"的优质生态底板；月光码头、诚品书店、文化艺术中心彰显不凡的文化娱乐品位和消费水准；金鸡湖艺术节、金鸡湖双年展等则展示出举办大型商务节会赛事的能力。

▲ 商务旅游目的地标杆——江苏苏州金鸡湖景区（图片来源：全景网）

**商旅客群的消费水平、综合服务需求普遍高于大众游客。**《2019—2020 商旅管理市场白皮书》中的数据显示，49.1% 的商旅人士表示愿意自付一部分

① 百度百科：《商务旅游》，https://baike.baidu.com/item/%E5%95%86%E5%8A%A1%E6%97%85%E6%B8%B8.

金额，住更高品质的心仪酒店，其中 25 ～ 34 岁的年轻人群对超标自付意愿更强[①]。因此在配套上，苏州工业园区引入洲际、凯悦、中茵皇冠假日等高端酒店，满足商旅客群的高品质消费诉求。

**作为一个不折不扣的旅游大市的苏州，坐拥世界级文化遗产，但仍然高度重视“城旅融合”、做强商务旅游。这并非追求完美，而是因为产业，尤其是高端制造业的发展才是苏州的立身之本：**2020 年苏州全年地区生产总值为 20 170.5 亿元，其中旅游总收入为 2 607.4 亿元，第二产业增加值达 9 385.6 亿元[②]。显然，工业增加值占据着苏州地区生产总值的半壁江山。苏州需要让更多的企业看到：苏州的城市形象不止于“小桥流水”的温婉古味，更是产业高度发达、经济昂扬向上、“宜居宜商”、适合企业发展的现代化都市。这才是苏州发展“城旅融合”——打造金鸡湖这张城市商务名片的内在动因。

其实，金鸡湖并非“城旅融合”的个例。苏州下属的各个工业大县也普遍瞄准“城旅融合”进行发力。比如被称为“德企之乡”的太仓，就大力打造了“锦绣江南金太仓”的城市魅力名片；依托工业互联网努力打造“江苏智造”的常熟，早在 2013 年就开始了“商旅融合”的旅游转型升级。当人们在赞叹上述这些地区良好的营商环境时，一定不能忽视“城旅融合”在其中起到的重要支持作用。可以说，“城旅融合”是打造良好营商环境的必选项。

那么，对于其他致力于打造良好营商环境、提升招商引资水平的县城而言，应该向上述“尖子生”看齐——**聚焦商旅客群，通过“城旅融合”方式展示城市魅力、塑造城市品牌，从而获取合作机会。县城应该充分意识到，“城旅融合”是更具操作性，也更具现实意义的招商必选项。**

**那么县城的商务旅游具体要如何打造呢？我们在观光品类丰富的邻国日本时找到了一个体系化解决的样板——静冈县滨松市。**它告诉我们做强商务旅游不是北上广深等大城市的专利，也不是一定要像国际商务旅游目的地超强县级

① 前瞻产业研究院：《2020 年中国商旅管理行业市场现状及发展前景分析 未来三年市场规模将破 5 000 亿美元》，https://bg.qianzhan.com/report/detail/300/200424-869ea651.html.

② 苏州市统计局官网：《2020 年苏州经济和社会发展概况》，http://tjj.suzhou.gov.cn/sztjj/tjgb/202103/8876edc5eb7e402ba58f02ba2c9d1a26.shtml.

市义乌一样拥有超级流量，而是能够从本地特色出发，步步为营，取得胜利。

滨松是一个拥有人口 80 万的工业城市，是日本的"乐器之都""摩托车之乡"，孕育了雅马哈、滨松光电子、本田、铃木等知名企业。滨松本身的旅游资源并不算强——其所属的静冈县拥有富士山、茶文化、渔港等高能级旅游资源，而滨松自己却处于"灯下黑"的尴尬境地。因此，滨松立足自身产业特色，很早就开始探索面向商务人群的旅游打造之路。2001 年，滨松组织了"产业观光研究会"，到 2008 年已经拥有了 40 多处产业观光设施，每年约有 120 万名游客前来观光。因成果突出，滨松获得了日本观光协会 2008 年和 2020 年两届"产业观光城市大奖"①。

**截止到 2020 年，在 20 年的不断探索中，针对商旅客群，滨松从"认知突破"，到"靶向内容"，再到"专业支撑"，不断完善商务旅游内容体系，为中小城市的"城旅融合"提供了实际可操作的参考案例。**

## 二、认知突破——县城如何针对商旅客群打开知名度

确定了"B2B"的"城旅融合"旅游模式这一大方向之后，县城首先要解决的就是如何让核心客群对城市产生认知?《未来十年的旅游》②一书中，已经提出旅游发展中"讲故事"的重要性。对普通旅游者要讲好本地故事，对商务客群就更要讲好本地故事。

**面向商务客群，县城的故事要抓住两个关键点："讲人（本地名人）""讲产（本地产业）"。如果县城现有的产业实力还不够强大，就需要努力讲好"本地名人"的故事。但是讲"名人故事"需要从商务人士的角度解读，这些内容在下文中具体阐述，此处不再赘述。而对于产业实力足够强大，已经在某一领域内足够知名的城市，就可以选择"讲产"。**

无论"讲人"还是"讲产"，滨松都表现得非常优秀，非常值得很多县城借鉴。

① 日本观光振兴协会官网：《産業観光まちづくり大賞 2020 特別表彰について》，https://www.nihon-kankou.or.jp/home/userfiles/files/autoupload/machizukuri2020.pdf.

② 华高莱斯国际地产顾问（北京）有限公司 . 未来十年的旅游［M］. 北京：北京理工大学出版社，2020：41.

### 1. 如何“讲人”——把握商旅客群的共性特征，以“好彩头”树立“好感度”

《未来十年的旅游》一书中指出：“旅游资源要的不是‘我的人生是本书’，而是‘我的人生是本畅销书’……唯有锐利，才能让资源更有效送达目标人群的内心。”[①]要想凭借地域名人在特定客群中打出名气，需要的绝不是千篇一律的宣传片、广告牌、口号，而是把握他们的核心“爽点”，找出名人身上最能打动商人的故事。

（1）标签遴选：以德川家康“出人头地之城”精准切入。

正如浪漫之于情侣、好奇之于儿童，成功是商务客群的共同“爽点”。**由于常年面对市场的不确定性，大多数商务客群对于“好彩头”就更为重视，他们更喜欢从环境中获得正面暗示，如更青睐数字“8”等**。从这一角度出发，滨松在“饺子之城”、鳗鱼产地、德川家康等众多资源之中，选择了“德川家康出人头地之城”这一方向，对商务客群进行“靶向狙击”。

德川家康是“日本战国三杰”中笑到最后，建立了幕府政权的成功者，他生涯中的几场知名战役如“长筱之战”“小牧 · 长久手之战”都发生在他居于滨松期间。更幸运的是，在德川家康之后，历代滨松城主几乎都平步青云成了幕府重臣，仿佛此地是晋升之路的跳板，由此便称滨松为“出世（出人头地）之城”。

**对于商务客群而言，“商场如战场”，德川家康的人生经历与其所青睐的“成功学”最为贴合**。德川家康博文多学、珍视下属、思维审慎，他身上并没有如丰臣秀吉、织田信长等其他传奇大亨一样的天才恣肆或英雄悲情，我们更多能看到的是一个“非天才之人”如何在隐忍之中学习他人之长处，稳扎稳打地“熬死”了同时代的闪耀巨星。这种看似“腹黑狡黠”实则“重剑无锋”的特质，使其成为像曾国藩、左宗棠等一样的成功学代表。

**对于滨松这座城市而言，选择“出人头地之城”这一具体标签，也避免了与其他城市的 IP 冲突**。德川家康出生于冈崎、称霸于东京（江户）、长眠于静冈，这些城市同样也将其作为旅游“主打牌”。作为一个中小城市，滨松无法做这个大 IP 的“一切”，明智地切分了其中的“一块”做精，打造宣传的“一记重锤”。

① 华高莱斯国际地产顾问（北京）有限公司. 未来十年的旅游［M］. 北京：北京理工大学出版社，2020：27.

▲ 滨松城内的德川家康雕像（华高莱斯　摄）

（2）全息体验：从细节着手，"巧实力"撬动。

滨松对打造"出人头地之城"的目标是"像很多人为了结缘而去出云大社（日本最古老的神社之一，所供奉的大国主命是主管结缘之神，因此被认为结缘圣地）一样，想出人头地就要去成功圣地滨松"①。但滨松并没有立刻开始大手笔投资修建景区，而是选择"巧实力"的方式进行旅游包装。

**在滨松站 2.5 千米范围内，滨松包装出了一条好玩好吃，适合打卡的"出人头地街道"的圣地巡礼游线**。该路线串联了：设有展示德川家康和知名"女城主"直虎成功印记，并可以通过抚摸金色"家康像"获得好运的滨松出世之馆；设有丰臣秀吉和德川家康两大武将雕塑拍照点的东照宫；设有德川家康所筑，可以俯瞰城市的滨松城等景点，并在主游线道路两侧设置"出人头地街道"的金色路标装饰，强化巡礼仪式感。滨松还巧妙地将本地美食与成功挂钩——

① 《「出世の街 浜松」によるシティプロモーションが始動》，https://www.chukeiren.or.jp/wp/wp-content/uploads/assets/magazine/pdf/ganbaruchubu201710.pdf.

使用滨松生产的食材，将满足“食材有吉祥的含义”“努力盛进更多、堆得更高”“闪耀着金色”等条件的料理命名为“出人头地饭”[①]，寓意吃了就能够获得来自“成功之城”的好运。

在上述努力下，滨松的城市认知度大大提高，在日本品牌研究所发起的《地区品牌调查》中，滨松通过“成功之城”的品牌营销，十年内取得了跃升30名的好成绩[②]。

总之，做出“好彩头”的关键并非要有“大佛大庙”，而是要会用巧妙的心思“讲故事”。

2. 如何“讲产”——瞄准核心目标圈层，通过专业会展建立“认知度”

从产业扬名角度，要想面向商务客群树立靶向认知，会议会展是最快捷的优选。会议会展本身就是商务旅游的重要构成部分，通过会议会展促进招商也是当下各个城市的普遍认知。但如果**基于城市产业升级、“补链”的“高端化”需求，县城所需要的就不再是传统的招商大会或者展销会，而是能够在目标圈层内有效发声的专业会展，也就是“用更专业的会展，招更好的商”**。

（1）“B2B”：开最精准的会议，以专家背书树立高地形象。

产业越向高端发展，专家背书的作用就越重要，因为要想在特定产业圈内树立认知、吸引合作，不仅要“自己吆喝”，还要让业内有影响力的人“帮忙吆喝”。这一类专业会议“在精不在多”，关键不是规模和参与人数，而是专家是否足够权威。以滨松“医工结合 · 医疗光电子器械”产业发展为例，专业会议正是助力城市突破这一新兴领域，尽快打开市场的利器。

**一方面，医疗领域专家能够从客户角度给予企业使用者视角的反馈，形成新产品开发的重要提示，这是医疗器械制造商极为看重的要素。**滨松从2011年就开始定期举办“与医疗现场的情报交换会”[③]。该会议会邀请滨松大学医学院的各学科教授介绍近期医疗器械的改进诉求，并到大学进行设施的现场参观，

---

① 滨松市政府官网：《出世飯》，https://www.city.hamamatsu.shizuoka.jp/miryoku/syusse/meshi.html.

② 品牌综合研究所官网：http://tiiki.jp/survery2019/index.html.

③ 滨松下一代光学和医疗保健产业创造基地官网：《3月25日（木）医療現場との情報交換会を開催します。（オンライン併用）》，http://www.ikollabo.jp/public/topic/213.

与实际操作医疗器械的医生进行交流。

**另一方面，专家发声也能够为本地产业发展水平背书，有助于在业界树立起"技术高地"形象**。例如，滨松会常态化举办"医学创新论坛"，邀请筑波大学、庆应大学等顶尖学府的医工结合产业领域专家与本地厂商、研究人员进行学术交流，让专家了解、帮助宣传滨松在领域内的技术水平。

**滨松还会定期面向企业举办针对行业标准、技术迭代的研讨会**，如"医疗器械质量管理体系（ISO13485）的建设研讨会"和"传染病背景下的医疗器械开发研讨会"等[①]，**让企业能更迅速地把握行业发展趋势**。

实际上，我国县城中也已经出现通过"专家路线"树立高地形象的成功案例，例如，河南清丰县为促进本地农业产业化发展，聚焦红薯单一品类，联合国家甘薯产业技术研发中心、山东省农科院等专业机构举办了"第一届全国甘薯行业产销对接大会"。大会上确定了红薯产业最新的质量分级，提供从前端到终端行业顶尖技术的交流平台[②]，也助力清丰县这个红薯产业的"后起之秀"快速建立业内认知，达成项目合作。

因此，这种模式在我国可操作，无论真正高端的产业门类还是某一产业品类里的细分领域，都可以做到"以专家带厂家"。

（2）"C2B"：做最专业的赛，用玩家认可拓展消费市场。

**对于某些大众消费类型产业，县城还可以通过在玩家心中树立优质产地形象，做大消费市场，从而达到吸引厂商、做大产业的目的，如滨松的乐器产业。**

滨松的现代史相当于日本乐器行业的历史。这里诞生了日本乐器制造"三巨头"——雅马哈、河合乐器制作所、罗兰。以日本第一台国产钢琴为起始，滨松现在已经成为能够制造所有门类乐器的行业重镇，有 200 多家相关公司聚集于此[③]。

① 滨松新产业创出会议官网：https://www.hama-sss.com/.

② 中国农业信息网：《"要想富，不如回家种红薯！"》http://www.agri.cn/V20/ZX/qgxxlb_1/hn/201901/t20190102_6314609.htm.

③ 滨松市政府官网：《INDUSTRY　世界を支える、国内屈指の産業集積都市》，https://www.city.hamamatsu.shizuoka.jp/koho2/intro/siseiyouran/11.html#musical.

▲ 日本唯一的公立乐器博物馆 滨松乐器博物馆（华高莱斯　摄）

**越是“小品类”，越要“做大赛”**。滨松虽然生产很多品类的乐器，但最具代表性的还是钢琴，这里早已是日本最大的钢琴产地。于是，滨松将目光投向了全球。滨松依托产业基础，从 1991 年开始组织举办“滨松国际钢琴比赛”，为亚洲乃至全球的青年钢琴家提供了展示的舞台，通过世界音乐文化的交流，实现了从“乐器制造之乡”到“世界音乐之城”的转变，吸引了更多的音乐爱好者前来。

**要尽力取得机构背书，做业内认可专业赛事举办地**。“滨松国际钢琴比赛”取消了参赛年龄资格下限，由此也让世界各地的很多优秀青年钢琴家能初试身手，进而大放异彩。凭借其特殊性，在 1998 年，“滨松国际钢琴比赛”被批准加入世界国际音乐比赛联合会，被官方认定为国际音乐比赛[①]，滨松得以在世界钢琴玩家中打响名气。在此基础上，滨松陆续组织了日本最大的民间音乐节“滨明湖民谣珍宝”，全球艺术家参与的“滨松爵士乐周”等大型活动，整个

① 滨松国际钢琴比赛官网：https://www.hipic.jp/hipic/overview/.

城市成为音乐人的大乐园。到 2014 年，滨松成为亚洲首个加入联合国教科文组织创意城市网络（音乐领域）的城市[①]，进一步巩固了滨松作为日本“乐器之都”的产业地位。

这种“以玩家带厂家”做大产业的模式在我国河南兰考也有成功实践。20 世纪 80 年代，兰考泡桐在无意中被发现极为适合做乐器音板。由于其品质奇佳、在全国独一无二，顿时成为全国民族乐器的板材，更是古琴玩家心中的“圣地”。现在，全国 95% 的高档民族乐器的板材都采用兰考泡桐制作，一年仅制作民族乐器的产值就超过 20 亿元[②]。

滨松的探索，兰考的经验，都告诉我们这种“办赛”方式是可行的。因此，国内同类产业的县城，如全国最大西洋乐器生产基地河北武强县和我国最大健身器械产业基地山东宁津县，就可以靶向性打造“全国 / 全球管乐大赛”和“全国健美大赛”来牵引产业发展。

## 三、靶向内容——如何做强“产旅融合”展示，以“秀肌肉”博得商旅客群“认可度”

知名度打开、成功将人引来之后，需要考虑的就是如何做好“产旅融合”内容，凸显发展潜力，树立“入股”信心。**投资者的信心无非来自两点，“这里的人（合作者）很靠谱”和“这里的企业很靠谱”。因此从县城的角度，就要向专业的人展示专业的产业实力和商业精神。**

滨松正是通过将本地创新实干的**企业家精神实体化、产业技术展示化**两大手段，向商旅客群树立了精工之都、创新之城的形象。

### 1. 用“看得见”的企业家精神展示“靠谱的人”

地域性的企业家精神是城市招商重要的无形资产。因为它不仅意味着这里有浓厚的商业底蕴，往往也代表着本地企业家身上拥有代代传承的知理明义、务实敏锐的商业头脑，如提到温州，就能让人想到坚韧不拔、敢为人先的“温

① 滨松市政府官网：《MUSIC　世界へ羽ばたく「音楽の都」》，https://www.city.hamamatsu.shizuoka.jp/koho2/intro/siseiyouran/12.html.

② 搜狐网：《半个世纪，焦裕禄种下的泡桐终成百姓“摇钱树”》，https://www.sohu.com/a/337335647_481640.

商精神”，这种群体性特质会让投资者更放心地在这里拓展事业版图。**关于知名企业家，我国很多城市的做法还局限在“做故居”“做名人博物馆”的“文旅”层面，但面向商旅客群时，企业家精神就必须结合产业特质进行展示。**

滨松诞育了本田宗一郎、铃木道雄、山叶寅楠等知名企业家，他们都是怀抱着一腔热忱，在无数次失败中探索出独立技术、从小作坊做到国际公司的实干者。**滨松将这种一往无前的企业家精神用本地方言总结为“放手去做吧”（やらまいか精神）**[①]**，将其内涵在本地文化场馆中结合产业特色实体化展现。**

除上述已经介绍的产业外，滨松还有另一个重要产业——光电子产业。滨松光子学株式会社所生产的光电倍增管占全球市场的90%。2019年9月，销售额达到13.25亿美元[②]。这些产品广泛用于医疗、制造、分析、测量和学术研究等领域且售价高昂（一只直径为20英寸的光电倍增管定价约在3 000美元）。**对于光电子这一高精尖产业而言，潜心研发、保持先驱的创新精神最为关键。因此滨松在本地科学馆的“光展区”专门有滨松光子学株式会社创始人“研究型企业家”堀内平八郎的生平介绍。**让游客在了解滨松光电子产业的同时，看到他从“日本电视机之父”高柳健次郎的学生做到举世闻名的滨松光子学公司创始人的传奇经历。

▲ 设置有堀内平八郎生平介绍的滨松科技馆（华高莱斯　摄）

---

① 滨松市政府官网：《信念で拓いた先人たちのやらまいか精神が息づく地》，https://www.city.hamamatsu.shizuoka.jp/nousei/pnf/page03.html.

② 滨松光电子株式会社官网：https://www.hamamatsu.com/jp/en/our-company/at-a-glance/index.html.

对于汽车产业，精益求精、永不止步的开拓意识非常重要。滨松在"铃木历史馆"中展示了"发明型企业家"铃木道雄一生中的120多项发明和现在铃木所使用的最尖端生产技术，让游客看到这家已有百年历史的公司如何凭借着不息的打拼精神，从织布机作坊成为生产摩托车、汽车乃至船外机的世界级企业，展示了这座城市永不满足于当下，向新技术不断进发的迭代意识。

### 2. 用"摸得着"的硬核产业技术展示"靠谱的企业"

"工业旅游"已经成为很多县城"产旅融合"的"标准动作"，但多数内容是面向"外行"游客提供科普和娱乐。**而实际上对于业内人士，"产旅融合"要真正努力的方向是"产业观摩"。因为业内人士更关心的是本地企业的关键领先技术、生产组织效率、企业发展模式、未来前瞻眼光，"产业观摩"就可要向"内行"展示上述内容，显示产业水准。**

**内容上要"展示硬核"**：如滨松的本田技研工业变压器制造部。该部门主要制造多段变速箱AT、无段变速箱CVT和摩托车搭载的"SPORT HYBRID"三种产品。游客可以在2个小时内参观完上述零部件加工、组装工程，看到真正的生产环境设施。

**形式上要"硬核展示"**：如雅马哈的"创新之路博物馆"。该博物馆详细介绍了雅马哈从乐器到摩托车、音响设备、室内家居、音乐软件等200多种产品的创新路线图和创新实验室，并为产品性能展示配备了一流立体声技术ViReal的超级环绕影剧院和具有自动演奏技术的虚拟演出舞台，让游客能够在全息化的环境中感受到"雅马哈制造"带来的震撼感①。

这种相对专业的观摩方式已经被列为滨松产业观光的标准化产品进行更加深度的打造。2021年2月，滨松旅游管理部门表示正在与相关方展开合作，将针对企业高管专门打造培训学习形式的"滨松技术访问之旅"②。

我国的大城市如深圳目前也已经出现此类针对商务端的考察服务。拥有业内名企的产业强县同样可以学习这种模式，这种模式不仅能寻求更多合作机会，还能够获得比普通工业观光更高的收益。

---

① 雅马哈企业官网：https://www.yamaha.com/ja/about/innovation/display/.

② 日本经济新闻网：《浜松の観光組織、地元企業の視察ツアー事業化へ》，2021年2月2日.

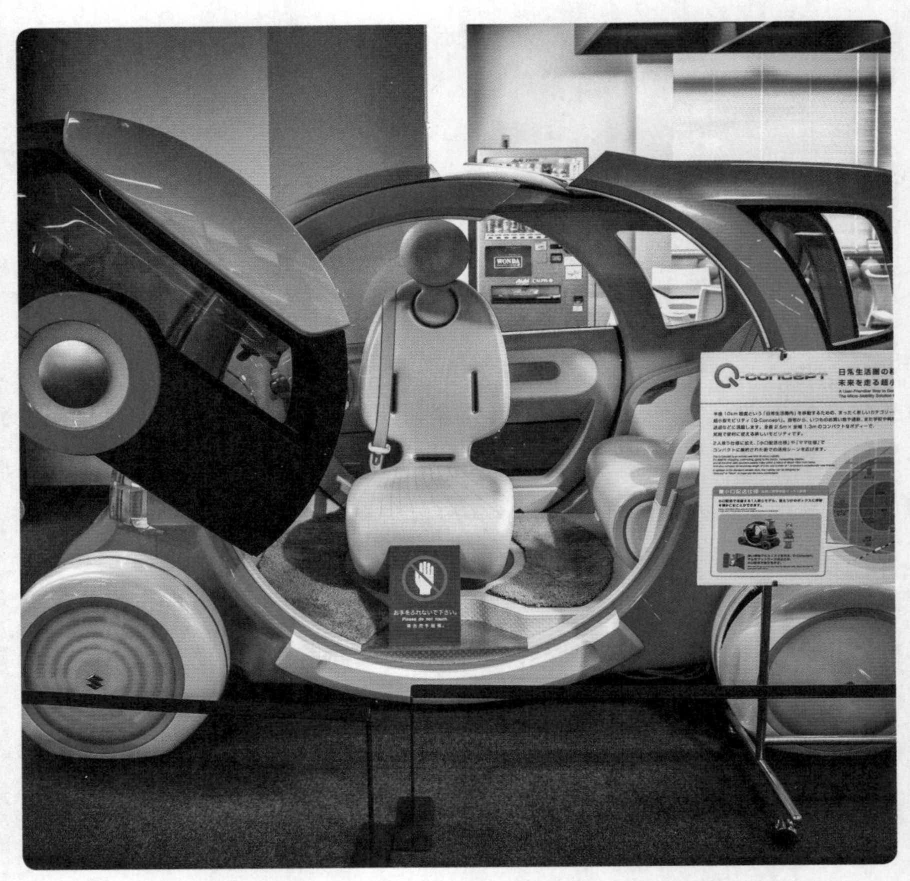


▲铃木历史馆中展示的双座电动车Q-concept（华高莱斯 摄）

## 四、专业支撑——在“城旅融合”思维下，实现商旅一体、统筹组织

**上述针对商旅客群的吸引策划和商旅特色内容的创新，需要靠“商旅一体”的办事机构实施，通俗来讲就是如何让“旅游局成为半个招商局”**。滨松正是在被指定为国际会议旅游城市之后，将原本负责会议会展组织接待的“滨松会议局”与“滨松市观光协会”合并成为“滨松·滨名湖旅游局”[①]，这就保证

① 滨松·滨明湖旅游局官网：https://mice-hamamatsu.jp/concept/.

了在旅游开发过程中，主导部门能以商务端视角看资源、找方向、做服务。这种用“懂商务”的人做“旅游”，具有以下两大优势。

1．从“商”的角度，提供更专业的服务

**首先，“滨松·滨名湖旅游局”提供的是“端到端”的一条龙商旅支持**。以会展服务为例，该组织全权负责为会议举办方提供涵盖全流程的“保姆式”服务，包括前期免费提供照片等宣传物料、帮助预约及协调会场酒店、与本地相关机构合作沟通，举办期间帮助设置车站内迎宾看板、提供宣传册、打造产品销售点、制作会议用帆布袋等，举办方还能够申请到最高 200 万日元的会议补助金[①]。

**同时，旅游局能够通过外联资源，为本地招商和企业发展加码**。通过加入日本政府观光局 JNTO、中部会展联络协议会等大型组织，导入会议会展资源；从企业处获得经费支持，为其定期发送最新的信息材料，针对企业观光打造个性化咨询，并将其信息推广在本地旅游主页获取流量。

2．从“旅”的角度，站位商旅客群开发更具格调的休闲配套

在大众化的观光产品上，“滨松·滨名湖旅游局”也十分注重打造满足商旅人士偏好的休闲体验。例如，在拥有康体温泉、山湖风光的“滨名湖”景区，开发了马拉松、越野、钓鱼、高尔夫、骑马等“精英范儿”的格调休闲活动。

在各类景点中尽力融入本地产业要素。如开发“摩托车兜风”游线，让游客体验自然风光与摩托车的野性魅力；在滨松“花园公园”中举办“艺术之秋”活动，以“花艺＋铁艺”的形式，展示出金属感的硬核之美；滨松科学馆开设面向成年人的“夜场游”，在无干扰的环境中感受滨松的产业魅力。

**综上所述，对于县城而言，“B2C”的“文旅产业”是靠天赋吃饭的可选项，而通过“B2B”的“城旅融合”提升城市品质，实现更好的招商引人则是一个必选项。站在发展的角度，大多数县城都可以通过讲好“人”和“产”的故事，提升城市品质，实现“以旅促商”**。目前，我国已经有很多产业强县在积极探索以旅游树品牌、引投资、谋发展的路径：如在“快递之乡”浙江桐庐，新昌达利、遂昌金矿、天荒坪三家企业都已成功创建为国家 4A 级景区，文具、养

① 滨松·滨名湖观光情报网：《浜松·浜名湖コンベンションガイド》，https://hamamatsu-daisuki.net/download/.

蜂等产业旅游也逐渐成熟，成为企业自我展示的窗口[①]；江苏南通的濠河风景区，不仅有“水抱城、城拥水，城水一体”的古城河景致，更有珠算博物馆、审计博物馆等展示本地商业文化底蕴的人文景点，已经成为投资者前来考察必打卡之地。

在本文中，我们主要讲述了县城在旅游打造中如何用一双“商人的眼睛”来做好“城旅融合”，助力城市“招商”，而下一篇文章将着重阐述城市品质提升的另一大命题——如何营造县城的生活吸引力，“让生活成为风景”，实现“引人”。

---

① 浙江特色小镇官网：《打造产业与全域旅游相辅相成的“桐庐样本”》，http://tsxz.zjol.com.cn/xwdt/201709/t20170907_4993070.shtml，2017 年 9 月 7 日 .

▲四川省眉山市丹棱县（华高莱斯　摄）

# 让生活成为风景——县城生活吸引力营造

文｜张天天　高级项目经理

## 一、县城更需要生活吸引力——打造生活风景，以市民吸引市民

**县城要发展，既要产业又要人，但归根结底是要人！**毕竟产业的发展是靠劳动创造出来的。很多东部沿海的企业“最怕放大假”，因为春节放假后，便会有大量工人不再回来上班，“招工难”问题已经让很多企业纵然面对大量“生产订单”，也无法展开眉头。足够多的人口，尤其是能够留住在本地的外部人口，是发展产业的重要保障之一。昆山户籍人口不足百万，而常住人口却维持在166万以上[①]，强大的人口基数无疑是其常年位居中国工业百强县榜首的重要支撑之一。

**因此，县城不仅要“城旅融合”，营造产业吸引力，助力招商，更要营造生活吸引力，助力引人！**二者缺一不可。上一篇文章《从“文旅融合”到“城旅融合”——招商视角下的县城旅游发展》中已经阐述了如何用一双“商人的眼睛”来做好“城旅融合”，助力城市招商的内容。本文将从年轻人的视角，来讲述什么样的城市生活能够成为他们眼中的风景。

**随着劳动力的代际更替，未来县城的产业发展势必更加依赖年轻人。而年轻人对选择落脚城市的逻辑，相较于上一辈人，已经发生了巨大的变化！**上一代人对于城市的选择，生存几乎是唯一标准，要么服从国家安排，要么服从就业需求——哪里有活干，哪里能赚钱，就选择去哪里。并且由于岗位忠诚度极高，只要不被辞退，他们可以一辈子不挪窝。

而如今，年轻人单纯因为工作而“择一城终老”的时代已经一去不复返。领英大数据显示，“70后”平均工作3.32年更换一次城市，“80后”平均工作2.49年更换一次城市，而这一数字在“90后”群体中降为1.40年[②]。为什么年轻人越来越容易“迁徙”？从表面看，是由于年轻人职业观念高度开放导致岗位忠

① 苏州市统计局：《苏州统计年鉴》（2018、2019、2020），http://tjj.suzhou.gov.cn/sztjj/tjsj/tjsj.shtml.

② 南方人物周刊：《封面人物丨身处“移民时代”》，http://nfpeople.infzm.com/article/10056.

诚度下降，从而使职业流动性增强。但更深层次的原因**在于年轻人的地点选择动因的高度多元化——年轻人在满足就业需求维持生存的同时，更期待高品质的生活**。

根据DT财经发布的《2019中国青年理想城报告》，目前，“青和力城市”，即年轻人喜欢的城市，研究和评价体系已经高度复杂化，包括城市发展能级、工作机会含金量、居住便利度、商业资源偏好、环境友好度、自我成长氛围、生活新鲜感、文化娱乐活力八个一级指标。而在这八大指标体系中，城市发展能级和工作机会含金量这两项一级指标的权重，加起来不超过1/3[①]。**显而易见，对于当代年轻人而言，城市生活品质将成为影响他们地点选择的核心因素**。

因此，县城要吸引年轻人，提升城市生活品质就成为必须解决的问题。**如果城市生活品质上不去，就算有扎实的产业基础，也很难吸引和留住年轻人**！更何况，客观上，大多数县城的产业对于年轻人而言，吸引力相当有限。**在没有强势的产业吸引力的情况下，县城必须强化生活吸引力，将生活打造成风景，才有可能实现对年轻人才的吸引和锚固，最终在未来的城市引人战中争得一线生机**！

当前的城市建设实践也表明，在城旅融合之下，打造生活风景，以生活吸引力助力城市吸引人口，已经成为县级城市的可行之道。21世纪前10年，江苏常熟（省直管县级市，苏州市代管）以“城旅一体”的思路，提出了“旅游活市”战略，以旅游视角提升城市生活品质。2019年，常熟市常住人口超过150万，比户籍人口多出44万[②]。

## 二、县城生活吸引力营造新思路——以“小确幸”搏“大流量”

2020年，国家发改委印发《关于加快开展县城城镇化补短板强弱项工作的通知》，县城城市生活品质提升进入顶层政策序列；2021年两会上，政府工作报告将65%的常住人口城镇化率作为“十四五”的重要目标。前后相继，政策大势已经非常明朗——中国县城，尤其是中西部县城，必须在城镇化加速推进

① DT财经：《2019中国青年理想城报告》，http://www.199it.com/archives/933765.html.

② 常熟市人民政府网站：《2019年常熟市国民经济和社会发展统计公报》，http://www.changshu.gov.cn/zgcs/c100359/202010/387583a567404f9d834d6c9878c764be.shtml.

的同时，提升城市生活品质。

当前，国内许多县城也已经意识到了城市生活品质提升对吸引年轻人的重要作用，希望通过城市生活品质的提升，为年轻人创造更好的生活体验。作为"医疗耗材之都""中国防腐蚀之都""起重机械名城"，河南省长垣市（省直管县级市，新乡市代管）近年来着力提升城市生活品质，为城市和产业发展吸引和留住人才，比如以城市水系整治和公园湿地建设改善生态休闲，通过打造功能复合的城市片区丰富生活体验。

诚然，要提升城市生活品质，一些都市化的硬件设施是必需的。但是，县城要提升城市生活品质，仍然要立足"有限"这一基本现实——相比大都市，县城的规模、市场和资金等城市建设要素都是有限的。**因此，一味采取"宏大叙事"，将县城生活品质提升简单地理解为"大都市化"的传统思路，显然脱离了县城建设实际，是不可取的。因此，县城生活吸引力的营造，必须转换思路，以"巧实力"博取"大流量"。**

**要以"巧"制胜，首先要找准发力点即县城打造生活吸引力的机会点。简单来说，大都市生活做不到的、给不了的，就是县城的机会点！**

《湖北社会科学》上登载的《青年流动人口的城市融入研究》一文，基于北京2017年流动人口的数据，从心理、文化、经济、行为四个方面对流动人口进行了分析，认为行为和经济因素是导致青年无法真正融入快节奏的一线城市的重要原因[①]。《2021年国务院政府工作报告》中，首次直接提出"尽最大努力帮助（大城市的）新市民、青年人等缓解住房困难"。

**以住房为代表的高昂的生活成本，给"漂"在大都市的年轻人带来巨大的不安定感**——买不了房、安不了家，仿佛永远无法在鳞次栉比的高楼中拥有一片属于自己的小天地，永远无法被高速运转的大都市所接受。年轻人愿意闯荡世界，不代表他们愿意永远"漂"着。事实上，大都市生活的不安定感正在逼走年轻人：BOSS直聘发布的《2020年三季度人才吸引力报告》显示，一线城市人才的净流出率为0.36%，高于二季度，也高于2019年同期（0.21%）；除

① Vista看天下微信公众号：《"在最好的年纪选择安逸"，一波年轻人回到了老家小城》，https://mp.weixin.qq.com/s/xL4ZuhM2_kTzxWv6_GPdkg.

了新一线城市和省会城市之外，离开一线城市的职场人开始将更多城市作为目的地[①]。

这就是县城营造生活吸引力的机会点！相对于大都市，县城的生活成本相对较低，生活压力相对较小，生活状态相对轻松，年轻人不用“007”“996”，稍微努努力、踮踮脚、跳一跳就能过上比较舒适的生活。**县城生活的“高性价比”，对于年轻人来说是生活安定感的重要来源，也是县城吸引人口流量的最大优势。换言之，大都市吸引年轻人，靠的是永不停歇的大梦想，而县城吸引年轻人，就要靠安定舒适的“小确幸”。**

“小确幸”一词源于村上春树1986年出版的随笔集《兰格汉斯岛的午后》（アンゲルハンス島の午後），由日语的“小確幸”直译而来。“小”和“确”，意味着平凡而真实。“小确幸”就是发生在真实而平凡的日常生活中的、“微小而确定的幸福”。

对于年轻人来说，“小确幸”已经成为刚需。他们在社交媒体上的各种“晒”生活，正是对生活中“小确幸”的捕捉和分享——无意中找到的美食、朋友推荐的歌曲、邻居家可爱的宠物、路边看到的花草……年轻人也愿意为了那些“微小而确定的幸福”买单。2020年天猫双十一大数据显示，“悦己”和“治愈”成为重要的消费主题：香薰灯、地毯等家居产品消费相比“6·18”，增长超过100%；房车游成交增长超1 800%；宠物陪伴机器人等智能设备同比增长超800%[②]。

对于县城来说，走“小确幸”的生活吸引力营造路线，意味着城市生活品质提升的着眼点在于打造“日常生活所需”，而非那些投资巨大、看上去金光闪闪但市民使用率极低的“面子项目”。从费效比看，打造“小确幸”的生活，高度匹配县城以“巧实力”营造城市生活吸引力的需求。

同时，县一级的城市也必须清醒地认识到，着眼于日常生活所需打造“小

① Vista看天下微信公众号：《“在最好的年纪选择安逸”，一波年轻人回到了老家小城》，https://mp.weixin.qq.com/s/xL4ZuhM2_kTzxWv6_GPdkg.

② 重庆晨报上游新闻官方账号：《8亿辆天猫双十一购物车里的新消费：小确幸成刚需，男人妆成新趋势》，https://baijiahao.baidu.com/s?id=1683157270893496619&wfr=spider&for=pc.

确幸”，并不是“合格”就可以，而是必须做到“优秀”！因为随着移动互联网的广泛普及，这一代的年轻人无论有没有大都市生活经历，都是见过世面的，在见识、理念、审美、消费偏好等方面，已经达到了高线趋同。**年轻人喜欢的“小确幸”，放在大都市里，可以是高压生活中的片刻释放；放在县城里，就必须得是平庸生活里的闪亮瞬间！也就是说，县城要打造的“小确幸”，必须足够精彩，才能成为吸引年轻人的利器。**

如何才算精彩？谁来评价是否优秀？裁判权并不在县城管理者手中，也不在上级政府或者专家手中，而在县城所要吸引的年轻人手中！这也是本文开篇就提到的，需要从年轻人的视角出发，让生活成为风景。打造“小确幸”形成极具吸引力的生活风景，不能想当然，必须站在目标客群——年轻人的视角，了解他们喜欢什么。

到底应该如何去做？日本宇都宫生活吸引力的构建，就是一套值得借鉴的“小确幸”营造手册。

## 三、宇都宫的“小确幸”营造手册——立足年轻人喜好，营造富有魅力的生活场景

栃木县（栃木県）宇都宫市位于东京以北 50 千米，全域面积为 416.85 平方千米，人口为 51.8 万[①]。宇都宫是日本北关东地区的产业重镇、广域首都圈内唯一指定的科技都市、日本的内陆型制造产业中心，生产了目前为止全部佳能 L 红圈镜头，以及世界上一半以上的广播镜头的佳能宇都宫工厂[②]就在这座小城里。

同时，作为一个与大东京有轨道交通直连、受大东京强烈虹吸的小城市，宇都宫创造了人口奇迹——2015 年至今，人口总量基本稳定在 52 万左右[③]，没有出现大规模的人口流失。**事实上，宇都宫强大的生活吸引力，是城市人口**

① 宇都宫市官方网站：《城市概况》，https://www.city.utsunomiya.tochigi.jp/shisei/gaiyo/1007461.html.

② 栃木县企业落地指南官方网站：《佳能株式会社宇都宫办事处》，https://www.pref.tochigi.lg.jp/kogyo/voice/049.html.

③ 宇都宫市官方网站：《人口和户数变化》，https://www.city.utsunomiya.tochigi.jp/shisei/johokokai/gyoseisiryo/1020024/1020096/1021143.html.

**的核心稳定器**——在日本28个人口在50万以上的城市中，宇都宫在生活舒适度上排名第一[①]。由于在城市生活品质方面的优良口碑，宇都宫吸引了大量慕名而来的周边游客——2019年，宇都宫市共吸引超过1 476万游客，其中824万来自栃木县外，超过278万来自东京都；抽样调查显示，重游游客占比超过22%[②]。

能取得这样的成绩，有赖于宇都宫对城市生活的诚意打磨。国别不同，但人性相通。从宇都宫对美好生活的打造中，能够看到的不是日本特色，而是人们对美好生活的定义都相似。所以，不妨随笔者一起深入宇都宫生活的背后，看看其过人之处。

#### 1. 布景要平凡，滤镜要浪漫：用普通的公共空间展现城市布景的品质感

“晒娃”是朋友圈里强化家庭幸福感的一项重要活动。但不同年龄段，“晒娃”的代际差别非常明显：上一辈人大多是“我娃长得好可爱”“给我娃拉票”；但是年轻的爸妈大多是“今天带我娃去动物园”“明天带我娃去野餐”。把狗当娃的年轻人更不用提，最愿意在朋友圈里大晒特晒的就是狗子在草地撒欢的画面。**表面上，这说明了年轻人更爱玩，但再深挖一层，喜欢展示家门以外的生活，表明年轻人对生活品质的体验感。相较于上一辈人，他们更关注城市公共空间品质！**

从前以院落为主的居住形式，使得私人化的院落成为主要生活场景。因此，院落环境好不好、邻里关系和谐与否在很大程度上决定了上一辈人的生活体验。而年轻人居住空间的个人化、小型化趋势不可逆转，出于代偿，其生活体验必然要在更大程度上依靠城市公共空间来满足。因此，对于年轻人来说，在生活体验中对城市公共空间品质的看重，远超上一辈人。

同时，从现实操作的角度考虑，城市公共空间的品质提升是最容易被感知、最能出成效的。尤其对于我国的县城而言，具有公共属性的城市空间品质提升在操作上阻碍相对较小。所以，无论出于意义层面还是现实操作层面考

---

① 在宇都宫愉快生活的100个点网站：《宇都宫的魅力》，https://utsunomiya-dp.style/charm/.

② 宇都宫市官方网站：《令和元（2019）年宇都宫市观光动态调查报告书》，https://www.city.utsunomiya.tochigi.jp/_res/projects/default_project/_page_/001/007/262/rwandoutaityousa.pdf.

虑，县城生活吸引力的营造，都必须重视公共空间品质的提升。

宇都宫牢牢把握住年轻人对高品质公共空间的偏爱，在平凡的城市空间中，营造出极具品质感的“小确幸”片段，为年轻人打造可以“秀”出来的城市布景。

**（1）打造富有生活气息的街道布景——以“城市露台”构建小而有趣的街头场景。**

与人之间的交流，就是人最大的乐趣。城市生活中的“小确幸”，很大程度上来自人与人的社交。而街道正是人与人发生相遇并产生交往的重要空间。

按理说，小尺度的街道由于空间相对集中，更容易引发人群的交往，从而形成温情的氛围。从这个角度看，县城街道空间比大都市更有优势——大都市的街道空间由于需要承担高流量的交通和高能级的功能，尺度相对更大，人群流速快，形成交往的概率反而低。事实上，县城街道很难形成有幸福感的氛围，核心原因在于街道空间品质不高——各种小摊沿街展开，环境杂乱，占道经营，既不好看，又不好管，更谈不上有幸福感了。

**宇都宫在街道空间的营造上，以精细化的管理代替大规模的拆建，以高质量的街道空间引导“小确幸”的发生。**

具体来说，宇都宫抓住日本政府放宽道路占用许可的机会，着手打造“城市露台”——允许餐饮店面在规定路段的步行道上设置外摆空间。

对于宇都宫来说，外摆空间的核心意义在于使人们在街道上产生适当的停留。一旦形成停留，就会为城市营造出“小确幸”的画面。第一，在户外空间享受美食、喝喝咖啡、和朋友聊聊天，本身就是年轻人喜欢的休闲方式；第二，通过街道休闲场景的补充，让惬意的生活场景被人看到，形成“看与被看”的城市生活展示观察界面，真正描绘出宇都宫的“生活风景”，增强城市生活吸引力。

**宇都宫街道外摆空间的设置并非一蹴而就的，而是循序渐进的。在步行街实验成功后，再向中心主干路网推进。**宇都宫“城市露台”源于 2017 年在猎户座街开始的“开放咖啡馆”。猎户座街是宇都宫市中心最主要的一条商业步行街。宇都宫“为了创造一个活力城市，开设露天咖啡馆，以进行城市更新和维护计划”[①]，在取得道路占用特别许可后，允许猎户座街上的餐饮商店开设外摆空间。2020 年，宇都宫扩展了“城市露台”的实施范围。除猎户座街外，允许市中心上河原街、今小路街、县厅前街等街道上符合条件的餐饮店开设外摆空间。

**宇都宫的外摆空间设计也并非随心所欲，而是经过多方考虑的，有严格要求**。考虑交通安全，餐饮外摆的设置有相对严格的条件限定：步行道宽度不低于 5 米，距离车行道不低于 0.5 米，外摆占用后步行空间宽度不低于 3.5 米；车辆出入口、公交车站及道路交叉口处不允许设置餐饮外摆空间。考虑市政管理，餐饮外摆空间只允许设置桌椅，不允许随意摆放店招、看板。考虑空间灵活利用，在步行道宽度相对小的街道，允许餐饮外摆靠近道路里侧，结合门店空间适当摆放[②]。

截至目前，猎户座街上有 36 家开放咖啡厅[③]，加上其他街道的 25 个餐饮外摆[④]，宇都宫已有“城市露台”61 处。“城市露台”成为承载市民悠闲时光的重要载体，也是宇都宫生活“小确幸”的鲜活证明。

综观我国，县级城市的街道空间提升目前仍以路面整修、环境美化为主。疫情期间，出于活跃经济考虑，短暂地允许部分外摆经营行为的发生。**未来，县城要向精细化的街道空间管理再进一步，通过适当的外摆空间设置，打造符合年轻人休闲偏好的城市街道空间。**

**（2）打造最具标志性的布景亮点——以“城市地标”形成有记忆点的城市画面。**

仔细观察年轻人的朋友圈就会发现，年轻人出门，非常流行“打卡”。今天去了哪条街、明天逛了哪个公园；哪个地方是到此城必去之处，哪个地方是

① 宇都宫街道开放咖啡馆官方网站：https://www.umoc.info/.

② 宇都宫市官方网站：《宇都宫 · 街道 · 设计 · 露台》，https://www.city.utsunomiya.tochigi.jp/_res/projects/default_project/_page_/001/024/774/chirashi.pdf.

③ 宇都宫街道开放咖啡馆官方网站：《参加开放咖啡厅的店铺数量增加》，https://www.umoc.info/post/%E3%82%AA%E3%83%BC%E3%83%97%E3%83%B3%E3%82%AB%E3%83%95%E3%82%A7%E3%81%AE%E5%8F%82%E5%8A%A0%E5%BA%97%E8%88%97%E3%81%8C%E5%A2%97%E3%81%88%E3%81%BE%E3%81%97%E3%81%9F%E3%80%82.

④ 宇都宫市官方网站：《宇都宫 · 街道 · 设计 · 露台实施店铺地图（11 月 12 日至今）》，https://www.city.utsunomiya.tochigi.jp/_res/projects/default_project/_page_/001/024/774/sdt1112.pdf.

无意中发现的宝藏取景地……大大小小，不一而足，并且一定会配上精心修过的图片，收获一大波“同想去”的评论和点赞。

对于年轻人来说，城市里有特色的地方，都是他们打卡的热门。这不是简单的“猎奇”行为，而是承载了年轻人对城市空间的“仪式感”——他们希望在城市中留下自己的记忆。这反映了年轻人与城市空间发生关联和互动的强烈需求，也是他们在城市生活中获得幸福感的重要来源——过而不留的地方对于他们来说没有意义，只有能与之产生关联的地方，才能为年轻人带来幸福感。对于县城来说，就需要打造城市地标，为生活的“小确幸”提供满足这种“仪式感”的空间载体。

为此，宇都宫在提升街道空间品质的基础上，深入挖掘“大谷石”特色资源，打造一系列有标志性的、有记忆点的城市地标。

大谷石本质上是一种凝灰岩，因为只在宇都宫大谷地区可以长时间持续大规模开采而得名。由于质量轻、易加工，以及抗震、防火和防潮性能良好，大谷石一般被用作建筑和装饰材料。如今，大谷石的开采加工不再是宇都宫的“摇钱树”，转而通过建筑活化和特色化景观塑造，成为宇都宫独具特色的“城市明信片”。

**一方面，宇都宫将符合年轻人喜好的休闲功能植入大谷石建筑中，打造城市时尚地标**。在宇都宫大谷地区，原本的大谷石地下矿场被改造成为大谷石博物馆（大谷资料馆），壮阔恢宏的地下空间不仅是展现大谷石历史和相关文化的大课堂，而且是婚礼仪式、音乐会、灯光秀及影视拍摄的热门场地。在市中心，曾经的大谷石仓库也被改造成为餐厅、咖啡店、画廊等，年轻人可以在大谷石构成的独特空间中享受高品质的休闲体验。以新功能激活旧空间，宇都宫将大谷石与市民生活深度结合，塑造时尚化的城市生活地标，为宇都宫的城市生活增添韵味和色彩。

**另一方面，宇都宫对传统的大谷石建筑和景观进行了保护——在保护的同时，不影响使用功能**。在宇都宫市中心，有300余处大谷石建造物[①]。如今，它

① 在宇都宫愉快生活的100个点网站：《宇都宫的魅力》，https://utsunomiya-dp.style/charm/.

们既是市民生活的一部分，又是宇都宫的城市景观地标——天主教松峰教堂作为现存最大的大谷石建筑，是宇都宫的地标建筑之一，现在依然向信徒和游客敞开大门；星之丘的大谷石坡道、釜川岸边的大谷石立柱，以及红叶街上的大谷石路标，已经融入人们往来之间的无言风景中，与当地人的生活融为一体。

我国县城在城市地标空间上的打造上，已经从原有的简单的“竖雕像”“造大广场”的老套路转向更年轻化、“人视角”的表达。四川眉山市丹棱县的齐乐公园，以常见的城市生态广场形式，植入了儿童安全冒险空间、互动灯光装置等时尚休闲功能，成为最受欢迎的城市地标；福建泉州永春县，利用气候优势，在窄巷“灰空间”中植入文艺范儿的绿植景观，打造出极具美感的城市打卡新地标。**未来，县城要以年轻人的审美视角，结合自身特色，进一步丰富城市公共空间，强化年轻人与城市空间的互动联系，创造更加丰富的生活布景！**

▲ 丹棱县齐乐公园，县城中最具幸福感的一角（华高莱斯　摄）

**2．情节要简单，呈现要极致：用常见的生活画面传达城市生活的幸福感**

多翻翻年轻人的社交 App，就会发现，年轻人语境下的生活“小确幸”，既务实又精致。绝大多数人晒出来的，都跑不出日常的生活情节——吃了什么、喝了什么、买了什么、玩了什么……大多数年轻人对自己生活的期待并没有脱离现实。但同时，他们也追求视觉上的精致——看起来普通是不行的，图片未精修过是不会发出去的。选图半小时，修图 2 小时，为的就是发朋友圈的那几秒。

《深夜食堂》这部日剧之所以会受到中国年轻人的广泛欢迎，也是因为它体现的是精致化、高品质的日常生活。剧中出现的食物都是日本普通人家餐桌上的常客——玉子烧、茶泡饭、小红肠……这些日常食物都是知名料理设计师饭岛奈美精心设计的，从造型、色彩到摆盘、调味，无一不精。

**这说明年轻人喜欢的“小确幸”，是要在日常的生活中感受到高品质的体验。**这意味着县城要营造出生活的“小确幸”，一方面必须从普通、常见的生活情节入手——把海参鲍鱼做成佛跳墙自是容易，但要把萝卜、白菜做得精致美味更令人惊艳，另一方面必须把生活体验做到极致。越是普通、越是常见的生活细节，在被优化到极致的时候，就越有吸引力。

**宇都宫抓住年轻人“平凡但不普通”的生活偏好，将日常、普通的生活体验做到极致，在城市生活的细节中填满温馨体贴的“小确幸”。**

**（1）以具烟火气的美食传递温情。**

人生大事，吃喝二字。“吃”是年轻人晒生活的头号主题，也是宇都宫打造城市“生活风景”的核心场景之一。**而在美食场景的营造上，宇都宫抓住“饺子”这一最具烟火气的美食，表达出一座小城市的温情。**

宇都宫的饺子是第二次世界大战后从中国北方带回去的。在中国老百姓眼中象征着幸福好运的平民食物，落地宇都宫后依然保持着最朴素、最接地气的作风，成为宇都宫独一无二的标签美食。作为一种真正的平民美食，饺子赋予了宇都宫可亲可近的生活魅力——毕竟对于绝大多数人来说，高级餐厅再有名，一年也去不了几次，但饺子馆抬腿就能去。

**一方面，宇都宫紧抓饺子，对美食元素进行了极致化的聚集。**在宇都宫，有 300 多家饺子馆[①]，密集地分布在城市各处。尤其是宇都宫站附近的屋台横丁、站前横丁饺子村，更是饺子爱好者大饱口福的绝佳选择。各种口味、各种烹饪方式，任君探索。除空间上的聚集外，宇都宫还打造了短时间高强度的饺子节庆——每年 11 月，宇都宫都会举行为期两天的“宇都宫饺子节”，与 15 万人共享全城精品饺子汇聚的美食盛宴[②]，充分满足饺子爱好者对美食“一网打尽”的愿望。

**同时，宇都宫将饺子元素极致化地融入城市形象中，用平凡的美食寄托对美好生活的期待**。宇都宫火车站出站口立着一座“饺子维纳斯”雕像，用饺子象征宇都宫，用维纳斯代表人们对爱与美的追求。市内二荒山神社甚至将祈福签也设计成了饺子的形状，被称为“饺子签”，用饺子的形象承载人们对幸福生活的祈愿。

宇都宫饺子消费额全日本第一。宇都宫市观光动态调查显示，2019 年到宇都宫的 1 476 万多名游客中，超过 70% 表示对饺子感兴趣，在宇都宫之行中实际吃过饺子的游客占比超过 54%[③]。饺子虽然平凡，但在人们的心目中，显然已经成为代表宇都宫生活温度的标的物了。

就我国来说，以美食闻名的县城众多，用小龙虾征服全国的江苏盱眙、湖北潜江，打遍天下的沙县小吃，浙皖赣闽风味交织的浙江开化，都可以借鉴宇都宫的做法，让美食极致化融入城市中，打造县城独一无二的生活风景吸引力！

**（2）以亲民的自行车文化渲染活力**。

当代年轻人对城市的体察是相当深入的。他们发在社交平台上的“游记”“攻略”，除一些众所周知的网红打卡地外，还有一些自己“挖出来”的隐藏惊喜，例如，人不多但很有情调的小街小巷、默默无闻的街边小店里令人惊艳的美食，甚至是路上踩到的一块别致的石头。这意味着，年轻人对城市生活的体察

① 在宇都宫愉快生活的 100 个点网站：《宇都宫的魅力》，https://utsunomiya-dp.style/charm/.

② 宇都宫城市品牌网站：《饺子之城》，https://www.city.utsunomiya.tochigi.jp/citypromotion/1007188.html.

③ 宇都宫市官方网站：《令和元（2019）年宇都宫市观光动态调查报告书》，https://www.city.utsunomiya.tochigi.jp/_res/projects/default_project/_page_/001/007/262/rwandoutaityousa.pdf.

越来越倾向于“人视角”“个人化”。

以制造“小确幸”著称的日剧之所以能够勾得中国年轻人往日本跑，其中一个很重要的原因，就在于日剧对城市生活的展现始终是以“人视角”进行的。中国观众随着日剧中的主角们或缓缓徜徉地散步，或慢悠悠地骑行，细细品味到的不只是浪漫的情节，更是温馨的城市。也只有这样慢速度、“人视角”的体察，才能让观众深入城市的美好细节中，从而形成城市生活吸引力。

**因此，县城要充分展现自身的生活吸引力，必须重视慢速交通视角的构建。在这方面，宇都宫选择了自行车。**

自行车这种简便的交通工具，与县城构建“小确幸”高度适配。第一，自行车作为一种交通工具，适用的范围是有限的，相对于大城市而言，更加匹配县城的空间尺度。第二，自行车作为一种人力操作的交通工具，是衡量城市道路设施的标尺——骑着自行车能骑得舒服的城市，在道路建设上一定过关。第三，自行车体量小、速度慢，能够进入城市的大街小巷中，深度感受城市生活真实面貌，是观察城市的最佳视角，也是城市自身生活感营造的重要载体。

**宇都宫抓住自行车这一最简便、最亲民的交通工具，以极致化的道路服务，充分展现出城市生活的活力。**

**一方面，规划设计了极致凝练的行车线路。**宇都宫整合市内自然和历史文化资源，形成了多主题的骑行线路。仅在市中心，宇都宫就整合了三类资源，提供了三种线路——整合市中心内游步道，打造竞速骑行线路；整合市中心历史文化遗迹，打造历史文化骑行线路；整合市中心重要公园节点，打造自然生态骑行线路。

**另一方面，铺设了极致体贴的骑行服务网络。**宇都宫以自行车站为载体，为骑行者提供便捷的服务。在宇都宫，共设置 58 个自行车站，13 个是结合了现有的市政设施，45 个结合了便利店、餐厅等民间商铺[①]。自行车站为骑行者提供休息、补水、停车架、免费维修工具及自行车租用等服务，让骑行者没有后顾之忧。

---

① 宇都宫市官方网站：《自行车站设置设施一览》，https://www.city.utsunomiya.tochigi.jp/_res/projects/default_project/_page_/001/006/132/secchiichiran20200930.pdf.

因此，在宇都宫，人们可以骑着自行车，自由地穿梭在城市的大街小巷，去公园里享受自然放松身心；抑或观览人文胜地，感受这座城市的历史变迁。这是宇都宫作为“自行车之城（自転車のまち）”，为人们勾勒出的充满活力的生活画卷。

在我国，很多人都知道，号称“第四极”的成都打造了“天府绿道”。实际上，“绿道”已经下沉到县城，成为国内很多县城的“新基建”。例如，在四川的广元市青川县同样也打造了环城绿道。人们可以在环城绿道中徐徐骑行，沿着乔庄河悠然进入青川县城，体验这座川陕交界处的小城特有的城市生活魅力。除此之外，在山西省，晋城市阳城县打造了“阳城绿道”；在浙江省，丽水缙云县打造了“仙都绿道”，温州瑞安打造了“天井垟河绿道”……

▲ 温州瑞安瑞祥新区生态廊道（华高莱斯　摄）

可以说，我国很多县城都已经意识到，“自行车友好”的骑行体系建设，是提升城市生活品质、展示城市魅力的重要手段。未来，希望更多的县城能够充分借鉴宇都宫的“小确幸”做法，进一步强化城区内的自行车服务及线路体系，为充分展示城市生活风景打开一扇新窗。

**（3）以开放的爵士乐文化凝聚情怀。**

随着年轻人平均受教育水平的提高，文化艺术已经成为当代年轻人生活中不可缺少的一部分。尤其是在大都市生活过的年轻人，已经对高品质的文化内容习以为常。在年轻人的社交平台上，晒演出票根、求书单推荐、高格调书店打卡，都是经常出现的内容。2020 年，中国青年报进行的一项调查显示，日常生活中，受访青年最常观看的表演是舞蹈和音乐会；87.5% 的受访青年感到，近些年年轻人的“文化消费”升级了[①]。

**客观来说，文化内容供给与经济发展水平息息相关，县城在文化消费供给上相较大都市而言处于弱势。但是，对于高品质文化生活建设，大都市有大都市的打法，县城有县城的路子。大都市有能力建设高端场馆、引入高能级文化资源；县城应该发挥“亲民”的特色，让有特色的文化更贴近生活。**

**宇都宫选择抓住爵士乐特色，构建高度开放、全民共享的有魅力的文化生活。**

**之所以选择爵士乐，首先是因为宇都宫拥有极佳的爵士乐氛围。**以日本萨克斯之父渡边贞夫（渡辺貞夫）为代表，宇都宫拥有小号手外山喜雄、吉他手高内晴彦等一批知名爵士乐手，号称“爵士乐之城”。**更重要的是，爵士乐在日本是一种“曲高和众”的经典音乐！**爵士乐进入日本时，是专属于达官贵人的“雅音”。但随着社会经济的发展逐渐平民化，日本人也开始钟爱爵士乐，这个音乐“舶来品”在日本的流行程度甚至超过其发源地美国。

**宇都宫爵士乐的开放，意味着宇都宫摒弃了一味追求专业化、精英化的路线，选择与市民休闲生活深度结合，“不修圣殿，俯首为人”，真正让音乐成为市民获得生活幸福感的来源。**

① 潇湘晨报官方百家号：《年轻人文化消费升级彰显多重信号》，https://baijiahao.baidu.com/s?id=168986079070 6134839&wfr=spider&for=pc，2021 年 1 月 25 日．

**一方面，爵士乐与城市空间紧密结合**。除专业的俱乐部、演奏厅外，宇都宫的餐厅、酒吧、咖啡馆都为爵士乐留出了可以用于现场演奏的空间。在街道上，也划出了可以用于爵士乐演奏的街头表演空间。在城市中心的猎户座广场，中央舞台甚至可以借给爵士乐队演奏练习。无处不在的爵士乐演奏空间，使得人们在宇都宫各处都能享受到美妙的乐音。

**另一方面，爵士乐对爱好者高度开放**。除日常的爵士乐演出外，为了满足爵士乐爱好者的需求，宇都宫在每年的5月、8月、11月组织三次集中的“宇都宫爵士乐巡游”。其间，人们可以在参与巡游的任意场地中观看爵士乐现场演出。11月，为期两天的“宇都宫爵士乐音乐节”在猎户座广场举行，或大或小、或职业或业余的数十个爵士乐队在舞台上现场演奏，与台下14万名观众共享音乐盛宴①。除爵士乐演出外，宇都宫还为爱好者提供学习爵士乐的机会和资源。在中央终身学习中心，宇都宫市爵士之城委员会长期举行爵士乐相关的讲座、研讨会等学习活动，为市民提供专业的爵士乐学习资源。

正如宇都宫爵士乐协会所倡导的“在宇都宫，和爵士乐一起生活（ジャズで盛り上げていこう、宇都宮）”，爵士乐已经深深融入宇都宫城市的血脉中，以婉转的曲调，赋予宇都宫亲切而恒久的生活吸引力。

我国县城在文化生活打造上已经开始发力。如昆山、慈溪，凭借发达的经济，以高水准的硬件吸引高品质资源，缩小与大都市之间的差距；家底不一定丰厚的县城也正在通过小型文化空间的构建提升文化生活幸福感，如江西南昌市下属南昌县的3D打印莲花书屋。**无论文化载体空间如何演进，县城要营造吸引年轻人的文化生活，都必须让自身独特的文化深度融入城市生活，让人看得到、听得到、用得到，才能真正成为彰显生活魅力的风景，而不是“曲高和寡”的化石**。

### 3. “设定”要真实，表达要真诚：用普通人的感受强化品牌传播的共鸣感

如今，在年轻人的社交平台上，吹“男神”“女神”都有可能引来嘲讽，只有“沙雕”形象屹立不倒。“沙雕”，就是“傻”的意思。为什么现在完美

① 宇都宫爵士音乐节官方网站：http://miyajazz.jp/what_miyajazz.html.

形象不再好用，“沙雕”人设反而受欢迎？因为年轻人的思维和审美已经高度个性化，彼此之间的差异越来越大，共同认知越来越少。**当“完美”不再有统一标准的时候，“真实”显得更有说服力。**因此，相对于表面光鲜的“男神”“女神”，“沙雕”人设显得更加真实、接地气，也更容易为年轻人所接受。

因此，县城要向年轻人传播生活影响力，就要从传统的“强”和“好”的套路里跳出来，真正用年轻人喜欢的方式，以诚恳的态度，把城市生活故事讲到他们心里。

**这也正是宇都宫在城市魅力传播上的选择——以真实的城市“设定”，从普通人视角讲城市生活故事。**

**宇都宫在城市魅力的对外传播中，给自己的“设定”是“愉快的宇都宫”。**而“愉快”一词，精准表达出宇都宫城市生活魅力。

“愉快”，意味着宇都宫隐去了自身产业重镇的身份，避免了强势的灌输和炫耀；反之，选择了从普通人的情感体验出发，展现宇都宫城市生活体验。同时，“愉快”的情感表达并不激烈，契合了宇都宫“小确幸”的生活吸引力打造路线。

**同时，对“愉快的宇都宫”的传播渠道，采取了“平民路线”——看重普通人的“口碑传播”，而不盲目追求“明星代言”。**

**一方面，充分发动普通人，完善“愉快的宇都宫”传播口号。**

宇都宫为了充分挖掘城市生活中的各种魅力细节，采取了开放授权的形式，鼓励市民和游客参与传播口号的创作。以“生活愉快的宇都宫（住めば愉快だ宇都宫）”为总纲和范例，任何人都可以在城市品牌网站上免费下载口号 Logo 原图，结合自己的理解和喜好，更改前 2 个字符并调整配色，生成新 Logo。新 Logo 经过官方许可后即可使用。由此，“愉快的宇都宫”的队伍迅速壮大，“吃得愉快的宇都宫（食べて愉快だ宇都宫）”“喝得愉快的宇都宫（飲めば愉快だ宇都宫）”“听得愉快的宇都宫（聴けば愉快だ宇都宫）”……城市生活细节被人们一点点发掘出来，形成庞大的城市宣传口号矩阵，让宇都宫的生活魅力得以充分阐释和展现。

**另一方面，以“愉快市民”项目为抓手，尽可能地网罗“平民代言人”。**

宇都宫在城市传播中推出了“愉快市民”项目：任何人，无论是不是宇都宫市民，甚至无论是不是日本国民，只要认同宇都宫的“愉快”魅力，经过网络申请和审批后，都可以注册成为“愉快市民”，并收到实体的“愉快市民”纪念卡。宇都宫此举，可以精准识别自己的“粉丝”。“粉丝”往往更愿意为“偶像”说好话，这意味着未来城市的传播将更有针对性、更有效率。

**在移动互联网时代，大众媒体影响力逐渐没落，人们对信息的获取和接受会更加依赖“互联网人际”。在这种背景下，宇都宫靠真实“人设”，以普通人视角讲故事的传播逻辑，对我国希望传播城市生活品牌的县城来说，更有借鉴意义。**

我国一些县城已经注意到了这一点。如江苏常熟的“常来常熟”、四川眉山市丹棱县的“幸福丹棱”等，都是以“人视角”来组织城市宣传口号。未来，在城市生活魅力推广中，应更注重结合年轻人的信息接受偏好，以更具亲和力的姿态，实施更有效的“精准打击”！

城旅融合，不仅要用招商思维，把城市推销给商人；还要用生活魅力，为城市吸引人口。在当前年轻人城市选择的新逻辑之下，县城更要强化城市生活吸引力，通过生活风景的营造，实现对人口流量的吸引和锚固，最终推动产业和城市的持续发展。

基于县级城市“有限”的现实条件，县城，尤其是尚在城市化进程中的中西部县城，应转变片面“大都市化”的传统思路，立足自身“性价比高”的城市生活优势，抓住年轻人喜爱的“小确幸”，通过打造高品质空间、具有幸福感的生活，借助共鸣感的传播，实现城市生活吸引力的提升！

▲ 县城特色美食（图片来源：全景网）

# “大美食”成就“小县城”

文 | 简　菁　项目经理

互联网时代已至，当下的网络流量，塑造了一个艺术大家安迪·沃霍尔口中的世界："每个人都能够做十五分钟的名人。"人是如此，县城也是如此。曾经的电视宣传片，现在的各大直播平台，一大波自带流量的网红，以及近期爆火的"县长网红"等，让塑造县城的知名度已经不是难事。

**对于县城而言，让人们"知道"与"想去"还有着一段距离，决定人们要不要真的前往，关键是县城是否具有"向往度"。本文想要介绍的就是县城塑造"向往度"的一条捷径——"小县城"的"大美食"。**

## 一、没有"向往度"就没有一切

### 1．知道容易，向往难

2020年11月下旬，藏族小伙丁真的"甜野"笑容引爆网络。无论后续甘孜旅游宣传片《丁真的世界》再次引爆网络，还是网友误以为丁真在西藏的"美丽误会"，引发"全国各地抢丁真"事件，都让四川甘孜州理塘县与丁真紧紧绑定在一起。在丁真在抖音上爆红的初期，嗅觉灵敏的理塘县政府就迅速签下丁真，让他成为国企理塘文旅的一名员工，当上了理塘文化旅游形象大使。这也为这座川西的藏地小城旅游业带来转机。

携程数据显示，理塘的热度从2020年11月20日起大涨，到同年11月最后一周搜索量猛增620%，比国庆翻4倍[①]。甘孜州的旅游人气也迎来了上涨，旅游OAT平台数据显示，尽管11月为旅游淡季，但自2020年11月16日起，以甘孜康定机场、亚丁机场为目的地的订单量同比增长近2成，17日单日预订量较去年同期增长90%[②]。理塘纯净的雪山、草原、冰川、寺庙、白塔，是丁

① 新华网：《丁真带火的远方，你想去吗？》，http://www.xinhuanet.com/local/2020-12/07/c_1126832663.htm.

② 新京报网：《丁真走红了一个月 我们分析数据后发现了这些秘密》，https://finance.sina.com.cn/tech/2020-12-17/doc-iiznezxs7375702.shtml.

真"纯净""甜野"的来源。丁真作为话题，引发了大众关注，那一帧帧的唯美画面，又让大众看到了丁真真实的生活，从而形成对理塘的"向往度"。丁真，理塘的一张名片。曾经默默无闻的理塘县一炮而红。

丁真的价值在于：他的"爆红"为理塘赢得了"向往度"，更多的人来到理塘旅游，继而推动了理塘、甘孜州的旅游产业发展。甘孜州难道只有理塘这一个县城有雪山、草地吗？肯定不是，但是甘孜州只有理塘打造出了丁真这个"广为人知"的"甜野"男孩，进而塑造出"向往度"，形成旅游吸引力。

然而流量时代之下，这种现象级的网络爆红可遇而不可求，县城要获得向往度，绝不是坐等下一个"丁真"的出现！

2. 美食，开启县城"向往度"的一把金钥匙

县城不能被动等待，那县城要如何主动出击呢？悠久的历史文化、秀美的青山绿水、原汁原味的地方美食，这些都是县城可以打的一手好牌。那怎么打这些牌呢？很多县城在塑造旅游吸引力时都有一个误区，认为具有地方特色的文化是独特、具有包装价值的，是打造"向往度"的不二选择。然而，本文给出的是另一个答案——美食，一条塑造县城"向往度"的捷径。

**（1）比起文化，美食更有兼容性。**

从文化来看，翻开县志，一个地方的历史、人文、风俗跃然纸上，可以说每个县城或多或少都积淀了一定的历史文化。确实，有一些县城拥有能在全国"叫得响"的历史文化，如江苏沛县因是刘邦故里而广为人知，山东蓬莱市因八仙文化而吸引了众多游客。而多数县城，往往仅有一些不为大众所知的文化资源，仅有小范围内的知名度。某地的历史文化，要"叫得响"，要成为一种全民皆知的大众共识，从而成为一个文化旅游 IP 可以说绝非易事。所以，这才出现了那些真正有影响力、足够知名的文化 IP 总是会被争夺的现象。例如，李白故里、诸葛亮故里等名人 IP，被多地争抢。

此时，美食极具兼容性的优势就凸显了出来。**一方水土出一方美食，美食的兼容性来自美食和地域特色的深度结合**。而且由于地域的差异，美食还可以形成无数细分的领域。同样的食材，到了不同的地域，就能成就大不相同的风

物。同样是面，北京有炸酱面、武汉有热干面、重庆有小面，滋味不同，却都能圈住一大波的粉丝。即使是同一种美食，只要能被消费者认可，也能成就不同的地域美食品牌。例如，同样是小龙虾，盱眙小龙虾、潜江小龙虾都广泛地被消费者接纳；同样是粑粑柑，无论蒲江的“丑橘”还是丹棱的“不知火”，都是优质橘橙的代表。县城的地域特色赋予了美食兼容性，只要是“地方风物”，就值得被知道、被宣传、被品尝。

**（2）推波助澜的吃播，让美食更有代入感。**

文化，尤其是小众的县城文化，往往都是“很有说头，很少看头，很没玩头”。要讲起历史文化的故事，很多地方都有名人，都发生过有名的事件。名人可以说得头头是道，事件可以载入史册，但是如果要论到这些文化能让游客看什么、玩什么的时候，文化的表现力就变得非常单薄了。其中根源，就是因为文化所具有的知识属性，要求受众具有对等的知识储备，想让所有人产生共情，是非常难的。对于那些没有形成全民共识的地方文化来说，能够吸引的就只有小范围的兴趣爱好者。

**美食，则不然。其本就拥有着庞大的消费群体，相较于“很少看头，很没玩头”的文化，美食更容易让人们形成代入感，进而塑造人们对地域的“向往度”。**食色，性也。“吃”本就是人类的一种基本需求，爱吃更是一种人之常情。翻阅各大社交平台，“唯爱与美食不可辜负”常常挂在年轻人的社交签名上。“民以食为天”，食物作为全人类无门槛的共同话题，极易引起共鸣。就连“看别人吃”也能成为一种乐趣！《吃播文化流行现状报告》数据显示，在接受访问的群众里，几乎所有人平时都会看吃播，只不过频率有所不同。超过七成表示会经常看吃播，三成左右表示偶尔会看[①]。谈起看吃播的动因，都难免逃不过一条：“看了就等于吃了。”看吃播的初衷，无非还是为了想吃上那么一口美食。为满足口腹之欲，吃货们极愿意开启一场美食探索之旅。

县城作为中国的底色，县城的美食，才真正填饱了无数饥饿的肚子。县城

① 蜂鸟问卷：《吃播行业为什么这么火？这份〈吃播文化流行现状报告〉给你答案～》，https://www.sohu.com/a/414000837_120632875.

的美食能够给予消费者代入感，就是直接的"美食诱惑"！不是所有人都对文化感兴趣，但绝大多数人一定对"好吃"感兴趣。毫不夸张地说，县城的美食才是最好吃的！

著名的美食纪录片导演陈晓卿，四次被开化县城一家开在马路边的"途中饭店"俘虏。他在综艺节目中边舔着嘴边描述："你都不用点菜，你说随便给我来两个菜，道道都好吃！"青螺蛳清水煮，野生鳜鱼红烧，不用浓妆艳抹，用地道的农家做法烧制就是简单粗暴的美味。眉山丹棱县地道的干拌鸡——紧实弹牙的土鸡肉、酥脆干香的辣椒，成为当地居民引以为傲的谈资："我好多成都的朋友都专门开车过来吃！"县城离食材更近，近就意味着食物的原汁原味。在县城，人们吃到的是农民亲手种植的蔬菜，下午打出的鲜鱼，晚餐就能上桌。有点儿烹饪经验的人都知道，新鲜、原汁原味的食材对于美食至关重要。与此同时，县城缓慢的生活节奏，让人们可以花费一天的时间在食材处理和烹饪上。县城的独特美味就是这一方风土和人情所造就的。

人们走过的城市越多，往往越容易吐槽城市建设的千篇一律。县城美食的滋味儿、做法离开县城之后都难以复制，这就是美食赋予县城的独特性。**对于外地人而言，独特又美味的县城美食自带"向往度"，品尝当地美食，才算真了解了一座城市，读懂了一座城市。**

**（3）"地域＋美食"，县城最佳的宣传方式。**

一种文化要为地域打响名气，进而达到为地域吸引人流量的目的，就要求文化本身有足够深厚的积淀，并且在大众中有广泛的影响力和名气，如有"天下第一庙"之称的曲阜孔庙、因范仲淹的一篇《岳阳楼记》而闻名天下的岳阳楼等。人们会为了瞻仰中国千年的文化根基儒家文化而前往曲阜，也会为了感受千古名篇的风采而登一次岳阳楼。可对于县城而言，要生动形象地为游客讲述清楚当地文化已是难事，要塑造一个能够达到大众共识的文化 IP，形成"文化向往度"，更是难上加难之事。

**美食与文化的不同在于——文化要达到足够高的能级才会产生"向往度"，而美食只要有需求就能有影响力，就足以塑造县城的"向往度"。**近年来，随着人们对健康食品诉求的提升，原产地农产品在迅速走红，富平柿饼、东山海鲜、乌珠穆沁羊等原产地农产品在天猫实现了4倍增长。[①] 因为消费者需要，所以这些县城的名字伴随着美食的推广，广泛地进入消费者的视野。

美食天然与地域绑定。当你坐在北上广深的高档写字楼里办公时，打开外卖软件，里面总有一些比较熟悉的餐饮字眼——沙县小吃、桂林米粉、兰州拉面。而这些餐饮品牌的背后，都挺立着一座座县城。无论餐饮品牌如沙县小吃、兰州拉面、桂林米粉还是地方风物如盱眙小龙虾、诺邓火腿、新疆哈密瓜、富平柿饼……这些广为传播的“地域+美食”的词组，都是将美食与产地进行了一次紧密的捆绑。令人垂涎欲滴的美食一旦形成巨大的传播力，这种影响力就会潜移默化地成为县城的一种吸引力，实现县城名气的快速传播。**将美食与产地进行捆绑宣传，就如同一句响亮的口号，让大众愿意为着这一口美食，做一次遥远的奔赴。**

▲ 小镇美食已经成为旅游新磁极（华高莱斯　摄）

① 搜狐网：《天猫发布2020食品消费趋势：懒宅消费、“一人食”正流行！》，https://m.sohu.com/a/368034708_688042/.

## 二、县城美食要出名，得让美食"走出去"

美食要真正成为县城的吸引人口的利器，前提是美食要足够有影响力。这就要求县城美食"走出去"，实现名气的传播。而县城美食名气的传播经历了以下三个不同的阶段。

### 1. 美食名气传播的 1.0 版本——口口相传的大众美食

**（1）致富驱动下的"口口相传"，让县城美食遍布全国。**

20 世纪 90 年代初期，随着改革开放的深入，人们有了进城创业的机会。福建三明市沙县有一些年轻人，利用自己日常的厨艺特长，到外面闯市场，做起了家乡的传统小吃。消息传来：有人在福州五四路口摆了一个沙县小吃摊位，一天能赚 500 多元；某某夫妻俩开了一个 20 多平方米的小店，一天营业额最高达到 1 000 多元。当时，开设一家沙县小吃的资金投入并不大，最初进入福州、厦门、泉州的沙县人，花上几百元，用一口煤球炉、两口钢精锅，便可以摆摊卖沙县扁肉、拌面，或花数千元租一年半载的店面就能开起沙县小吃店。凭借县城的传统美食，沙县人开始走上致富之路。这样的消息很快在沙县城乡流传开，成了一种希望，像磁铁一样吸引着致富心切的人们。从此，沙县群众外出创业经营小吃的人一天天多了起来。可以说，这就是沙县小吃走向市场的起点。

与沙县小吃有着相似发展历程的餐饮品牌是兰州拉面。在兰州的大街上，人们往往只能看到"牛肉面"的招牌，而遍布全国的兰州拉面实则是青海化隆人的杰作。而在青海化隆的大街上，随处可见来自全国各地的车牌，这源于当地发展了近 30 年的"拉面经济"。化隆县位于青海省东部干旱山区，山大沟深，当地村民生活艰苦。当改革开放的春风吹来时，不甘贫穷与落后的第一代化隆人决定出去闯一闯。1988 年，厦门经济特区首家化隆拉面店开张。自此以后，全国各地的化隆拉面店不断涌现，化隆拉面人亲帮亲、邻帮邻。从"面一代"到"面三代"，化隆人在全国 271 座城市开设拉面店 1.7 万家，拉面从业者 11 万人。2019 年，化隆"拉面经济"年产值达 100 多亿元，利润达 40 亿元[①]。

① 中国青年报：《青海化隆走上"互联网 + 拉面"新征途》，http://www.chinatopbrands.net/s/1450-6420-20277.html.

**（2）时代红利已去，县城美食的“口口相传”再难复制。**

沙县小吃、兰州拉面能够如此迅速地在全国铺开，与改革开放后县城人得以进城创业的时代机遇密切相关。在沙县，当地政府看到了这种机遇，果断决定从组织领导、营造氛围、政策扶持、技能培训、资金信贷、保障服务等方面入手，大力实施品牌带动战略，着力培育沙县小吃特色产业，推动沙县小吃走向全国。**但这种“押宝”式的美食产业扶持，在当下已经再难复制。**

**来自县城的沙县小吃能够在全国的大都市扎根，是因为其便宜、便捷的快餐属性，符合了快节奏的都市生活。但随着时代发展，迅速崛起的各类西式快餐及外卖，实际已经挤占了大量的市场空间。**希望以同样的路子走出县城的美食，面临着激烈的市场竞争。柳州螺蛳粉也曾希望用同样的逻辑让美食走出去。2011 年，在柳州有关部门引导下，一些创业者北上进京，在海淀区、朝阳区等人员密集的地方，开设了十余家柳州螺蛳粉店。高昂的店租，空运的食材，让开店的成本居高不下，柳州市政府部门工作人员表示，当时第一批“进京赶考”的店面，有不少已经关门，“开实体店进行推广宣传，效率特别低。”[①]

### 2．美食名气传播的 2.0 版本——主流媒体镜头下的灵魂美食

县城美食又一次集中进入观众的视野，是因为《舌尖上的中国》《风味人间》等一系列美食纪录片的爆火。纪录片将镜头对准了接地气的乡镇村野，陕西岐山县的臊子面、安徽休宁县的毛豆腐、四川古蔺县的麻辣鸡、云南诺邓村的火腿等。那些来自县城的本真味道，以画面的形式被直观地传递给了大都市的观众。这样的形式迅速了俘获了观众的心。第一季《舌尖上的中国》平均收视率达到 0.5%，第 4 集《时间的味道》收视最高，有 0.55%，从纪录片来说，它超过了所有同时段的电视剧收视率，和 BBC 纪录片的收视率差不多[②]。

---

① 新华网：《“大器晚成”螺蛳粉，折射中国经济有韧性》，http://www.xinhuanet.com/fortune/2020-08/17/c_1126374736.htm.

② 新浪网：《〈舌尖上的中国〉收视堪比 BBC 纪录片》，https://ent.sina.cn/tv/tv/2012-05-23/detail-icesifvx4676112.d.html.

▲ 因《舌尖上的中国》一炮而红的诺邓火腿（图片来源：全景网）

**这些画面背后的县城美食的"灵魂"，不仅在于食材的本味，更在于美食之中所蕴含的人文故事、城市精神。**在纪录片中，视觉、听觉、味觉和想象力共同塑造出极其饱满与诱人的味蕾刺激。除此之外，纪录片中美食还与地方人文、城市形象关联了起来，滋味的背后，是县城人质朴动人的生活故事，是流传悠久的县城精神。采摘松茸的藏族姑娘卓玛、湖北嘉鱼的职业挖藕人、绥德骑车卖黄馍馍的大爷，一个个平凡小人物的故事所带出的对美食的描摹，让美食本身更具有故事性。县城人的辛勤劳作及那一抹浓浓化不开的乡愁与美食交织在一起，使纯真的滋味本身更多了一抹人文的厚重，人们吃的不只是味道，更吃出了饮食的文化。《人民日报》评论《中国故事的诗意讲述》时称："以味诱人，以情动人"是《舌尖上的中国》最成功的表现手法。

《舌尖上的中国》对县城美食的记录无疑是非常成功的。不得不说的是，再没有一档美食纪录片能够达到《舌尖上的中国》的传播度和共识度。作为中央电视台出品的系列美食纪录片，《舌尖上的中国》是第一档在 CCTV-1 综合频道为地方美食发声的节目，加之"央视"这一金字招牌的加持，无疑创造了地方美食在主流媒体传播中的巅峰之作。

紧随其后，《风味人间》《人生一串》《宵夜江湖》《早餐中国》《老广的味道》……这些耳熟能详的美食纪录片层出不穷，不仅越发垂直细分，文化和情感的融入也让“看客”们获得强烈的共鸣。以《人生一串》为例，它的成功在于它的“不修边幅”契合了年轻一代追求真实感的审美潮流，在以年轻用户为主的B站播出，如鱼得水。**美食依旧是一个颇具关注度的主题，但越发细分的美食主题意味着更加细分的观众群体。而不同的群体又有不同的观看途径，传统媒体上单个美食的曝光率再不及《舌尖上的中国》爆火的那个时点。**

### 3. 美食名气传播的3.0版本——流量时代的“网红”美食

**（1）直播千千万，县城美食到底谁来看？**

**在短视频、直播风起云涌的当下，美食的传播方式也从传统媒体转向了新媒体。**与美食挂钩的“吃播”，热度迅速攀升。百度指数显示，从2014年4月到2019年6月，“吃播”指数从最初的几近为0增长至近4 000点；来自Google Trend和招商证券的数据也显示，YouTube上关于“吃播”的热度也持续增温，从2015年的0分升至2019年的100分[①]。借助以木下佑香、李子柒为代表的“网红”的热度，柳州螺蛳粉通过打响“臭”的标签，成为地方美食迅速蹿红的代表。可见网红营销在地方美食

▲ 新晋网红螺蛳粉（华高莱斯　摄）

① 胡博娅：《你的吃播，谁的流量？》，https://www.iyiou.com/news/20190926113842.

"走出去"中的重要作用。

与此同时，为了让县城美食"出圈"，各大县城的领导干部也开始尝试跟"网红"拼流量。这一现象几乎成为2020年的一个现象级潮流。以湖南安化为例，为解决本地黑茶滞销的问题，安化县委常委、副县长陈灿平为此开始直播带货。据安化当地统计，大约半年中，陈灿平做了300余场直播，总销售额1 500多万元，位于抖音茶类主播前列，为安化的脱贫攻坚做出了重要贡献①。

"网红"营销固然是提升地区美食热度的有效手段，但是毕竟"网红"有限，消费者也仅能短暂地关注县城美食一时。那地方美食又应当如何进一步提升曝光度，从而走出县城呢?

**（2）紧跟消费趋势，让县城美食在消费者的视野中"刷屏"。**

图片、视频、音频的出现让"视觉""听觉"信息的传播具有极大的便利性。当下已经进入了一个读图时代。面对剧增的信息，在本能的驱使下，人们会更加偏爱"高带宽"的、具有更大信息输入量的方式——视觉！近年来，直观的画面传播，让许多具有共情力的画面成就了很多"网红"景点。无论雾漫小东江、茶卡盐湖还是图书馆、洱海边的书桌……都是通过让游客产生"向往度"的照片实现对游客的吸引。视觉的美，一看便知。

美食的传播本质是一种"味觉"与"嗅觉"的传播。要充分调动食客吃的欲望，"试吃"才是正确的逻辑。在日常逛超市的生活经验中就能够明白，一次真实且完美的试吃体验，能从"味觉"与"嗅觉"上最直接地打动食客，从而让食客有为美食买单的冲动。当然，利用网络流量进行画面的传播，对于县城美食而言是必不可少的。但在赚取线上流量之外，县城美食如何做到让全国范围内的食客都能够成功试吃呢? 本文建议从两方面着手，广泛地进入消费者的视野!

**①购买便捷化。**

以便捷的冷链物流将新鲜的县城美食送上大城市消费者的餐桌早已有之。

① 领导留言板：《直播带货的"网红"县长大火了！一人卖出1 500万元茶叶，还叫粉丝"宝宝"》，https://www.sohu.com/a/426165086_99960507.

在2017年，盱眙小龙虾就与天猫合作，让盱眙小龙虾实现了全国130多个城市的冷链物流配送次日达。这其实已经打通了县城美食打动消费者的通道！**通过便捷的购买通道，让大城市的消费者快速体验到县城美食，缩短“刷屏”与“试吃”之间的距离。而要想满足这种大规模且便捷的“试吃”，县城美食就必须走工业化和标准化的道路！**

通过工业化、标准化实现购买便捷化，从而迅速占领消费者视野的典型案例，就是柳州螺蛳粉。正如前文所述，2014年之前，柳州螺蛳粉的推广都是依赖实体店，然而实体店的红利期已过，螺蛳粉的宣传变得十分困难。这种局面被2014年出现的袋装螺蛳粉打破。原本还是做门店生意的螺蛳粉品牌“好欢螺”，做袋装产品的初衷只是为了让远去东北读大学的侄女能随时吃到家乡味。没想到此举吸引来了大量顾客，便顺势从门店生意转换到了袋装生产。**自此之后，一个庞大的地方美食工业体系在柳州逐渐成形，工业化的思维被注入了地方美食的传播中**。在柳州，不少企业开始围绕螺蛳粉生产的各个环节，进行技术和工艺创新。有的企业不断探索米粉制作工艺，有的专注于物理杀菌、真空包装等生产技术的提升。

“闻着臭，吃着香”的螺蛳粉，在“网红”营销的推波助澜之下，通过标准化的包装得以广泛地走入消费者的视野。打开淘宝电商平台，经营螺蛳粉的网店，月销量动辄数十万单，李子柒牌柳州螺蛳粉的月销量更是突破了150万单[①]。标准化、便捷化的包装可以说真正将各大地方美食推到了全国消费者的视野中，让地方美食有了真正被大都市人“试吃”的机会。人们在大城市的便利店中看到越来越多的地方美食就是最好的例证，南京鸭血粉丝、绵阳米粉、南宁老友粉、湖南米粉等，那些更容易被标准化的粉面类地方美食，日渐走向北上广深等大城市，让人们在千里之外的大城市，也能吃到家乡的味道。

**②口味潮流化**。

除购买便捷化之外，口味潮流化也是县城美食可以探索的一条途径。关键就是要瞄准年轻人钟爱的时尚口味——辣。小龙虾、鸭脖、泡椒凤爪、辣条、

① 新华网：《“大器晚成”螺蛳粉，折射中国经济有韧性》，http://www.xinhuanet.com/fortune/2020-08/17/c_1126374736.htm.

辣酱等辣味食品纷纷成为爆款，说明当下的年轻人是越来越爱吃辣了。统计数据显示，辣味越来越受人们欢迎。2010 年，中国全面小康研究中心联合清华大学媒介调查实验室，对中国人的饮食状况进行了一项调查：川菜以 51.2% 的投票率位居受欢迎榜之首，喜欢吃辣的人最多，占 40.5%。47.28% 的人每天至少吃一顿辣菜，23% 的人两天吃一次，18.78% 的人一周吃一次[①]。

▲ 北京超市货架上琳琅满目的“地方美食”（华高莱斯　摄）

辣是一种痛觉，吃辣本身就是一种“上瘾与良性自虐”。因为在这个过程中，人们慢慢发现，在大脑感到疼痛时，身体会出现一系列应激反应，例如，分泌类似吗啡的物质内啡肽，试图通过产生快感来镇痛。这样，在最初的疼痛之后，反而让人产生了一种类似上瘾的愉悦感。而上瘾则意味着复购的概率大大提高。火爆全网的螺蛳粉在“臭”的标签之外，“辣”也是不可忽视的一个

① 钛媒体：《辣味食品风靡全球，人们为何越来越爱吃“辣”了？》，https://baike.baidu.com/tashuo/browse/content?id=f24f0a8039f97d347e0c084a.

重要的因素。随着经济的发展，社会生活的节奏越来越快，在房价上涨等因素下，都市人群的压力越来越大，焦虑感越来越强烈。而吃辣和夜宵文化慢慢成为人们缓解压力、释放情绪的一种方式，也逐渐成为一种流行文化。

**辣味食品的大流行，对于以辣为主口味的县城美食就是一个机会，这种趋势也逐渐显现了出来**。由于辣味具有更好的味觉辨识度，大批具有地方特色的小吃产品快速崛起，如冒菜、钵钵鸡、芋儿鸡、肥肠粉等以辣味主导的品类不断提高市场占有率。来自湖北潜江的“辣条”、贵州传统辣酱“老干妈”更作为一种中国味道，走出国门，成为一种饮食文化的输出。而我国有着大批以“辣”为家常味道的省市，如四川、重庆、湖南、湖北、江西、贵州、云南、海南等。深入这些省市的县城，能够拿出手的辣味美食可谓比比皆是。这些县城大可抓住辣味食品的流行趋势，塑造县城的美食“向往度”。

## 三、用“走出去”的美食将人“引进来”

钱锺书先生在婉拒希望拜访他的外国女记者时说：“假如你吃了个鸡蛋，觉得好吃就行了，何必要看生蛋的鸡是什么模样？”县城美食也是如此，既然县城美食已经走了出去，食客已经尝到了那口滋味，那又何必再到一次县城呢？

如果真的只是“一只会下蛋的母鸡”而已，那是绝不会引来女记者的翘首以盼的，关键是这位作家是钱锺书先生，是一位文学大家。**当县城不仅是一个地方美食的“前缀”，而且是某种特定美食的“根源”与“权威”之所在时，食客便会形成“到了县城，才算吃到了正宗”的期待，让人们有了不得不来一次县城的冲动，这时的美食才算真的给县城带来了“向往度”**。

近年来，因流量而红的美食层出不穷，如脏脏包、毛笔酥、冒烟冰激凌等，然而这些美食都仅仅是靠着流量昙花一现，真正吃到的时候，都免不了会有一场“见光死”的尴尬。**没有品质的持续保证，所谓的“网红”美食便会消失在流量的洪流之中**。县城美食，无论直播带货还是标准化生产，其核心目的都是将美食传播出去，通过美食的名气来助长县城的人气。

做大了流量，做出了标准化的产品，但这些与县城原汁原味的本土美食始终还是有差距。对于"吃货"而言，为了这口真实的滋味，来一次美食之旅也未尝不可。但要让县城的美食真的成为人们的旅游动机，就绝不能让游客来到县城经历一场美食"见光死"的尴尬。因此，县城要有更多的美食招数，让这一趟奔赴县城的美食之旅，值得来，值得再来！

对于县城而言，"美食能多快地捧红你，也能多快地毁掉你"。以青岛的"天价大虾"为例，2015 年一只 38 元的青岛虾，可谓让山东辛辛苦苦营造出的"好客山东"的品牌形象毁于一旦①。2019 年在海南三亚也出现了一张只有 7 道海鲜而花费却高达 9 746 元的天价菜单，给三亚的旅游形象也造成了巨大的损坏②。食品安全、物美价廉是消费者对美食的期待。美食就算贵，也得贵得有理有据，才能让消费者心服口服。这就非常考验对本地美食的管理水平了，在关键环节出现问题，极易将县城已经积累起的声誉尽毁。

### 1. 美食不能只靠"自律"，要有高标准的美食管理

在大城市选择吃什么，大家会自觉地拿出大众点评挑挑选选，或是让熟人推荐。那走进小县城呢？要打造能够吸引游客的美食天堂，有手艺的县城厨师当然是必不可少的，但这也仅是基础而已，仅靠餐厅的"自律"是不够的，从**县城管理者的角度来看，要持续维持住高标准的美食管理，才能让县城的美食旅游真正立得住**。县城美食，好吃是基础，也是王道。一个打着美食噱头的县城，让人乘兴而来、败兴而归，口碑和人气都会直接"扑街"。

提起顺德，人们妥妥地都会联想到"美食"。这里被联合国教科文组织授予"美食之都"称号。顺德早已名声在外，美食这个强烈的记忆点也让顺德成为一座"网红"城市。《寻味顺德》《十二道锋味》《阿爷厨房》在顺德开拍，快速强化了顺德作为"美食之都""粤菜发源地"的标签。打铁还要自身硬，顺德的美食标签能够被广泛传播，得益于顺德深厚的美食根基。顺德可谓一个"美食宇宙"，顺德有十镇，镇镇皆有宝，每个地方都有属于自己的主打美食。在顺德的美食寻味帖中，有这样的描述：三天时间也只能吃到大良镇的冰山一角，可见顺德美食之多。

---

① 时代新视野：《一只虾赔上"好客山东"实在太贵》，https://www.sohu.com/a/35225495_253763.

② 择一旅行：《众多网友晒海南三亚天价海鲜菜单 7 道菜花费 9746 元》，https://zylx.top/26660.html.

▲顺德美食（华高莱斯 摄）

顺德美食也曾出现过质量下滑的现象。顺德的均安蒸猪，本是村宴的名菜，在被《舌尖上的中国》报道之后，一时顾客盈门。然而由于过于火爆，本地的家养猪供不应求，于是采用饲养的猪，但它的肉没有家养猪的肉香，食材不新鲜，味道自然差很多，进而热度散去，店面关门大吉。要持之以恒地保证美食的口味和品质，菜品的标准是万万不可降低的。

**现在的顺德，为了让游客次次来都能够吃到一流味道，对食材的标准、厨师的标准都进行了严格要求。**2019 年 10 月 14 日，顺德作为“粤菜师傅工程”标准化先行区发布首批 20 项佛山顺德特色菜品标准，其中就包括了均安蒸猪、大良炒牛奶、容桂大盘鱼等[1]。在标准起草制定过程中，顺德充分汲取餐饮单位、行业协会和美食专家的意见，提升标准的合理性和适用性，为本标准的实施和推广奠定了有利基础。具体的标准制定上，涵盖了食材、烹饪工艺的标准

① 顺德人网：《20 道顺德特色菜有了标准！扫码还能教你做！》，https://www.sohu.com/a/347110622_168325.

要求及菜品的要求，其他的要求还包括了安全卫生、店内检验、标签、装盛成型、保存与传送等，目的是让食客能够有极致愉悦的舌尖体验。

拥有众多菜品的顺德，可以通过制定菜品标准来保障美食的品质。而那些需要在本地批量生产的“标志性美食”，店铺众多、店主不同、产品相似，如沙县小吃、柳州螺蛳粉等，又当以怎样的方式来保证产品品质呢？本文给出的答案是中央厨房。2019 年 4 月，沙县小吃中央厨房建成并投入使用。建设内容包括标准化食品生产车间、研发品控中心、物流配送中心等，可日产扁肉、蒸饺等各类“拳头”产品 40 吨[①]。中央厨房建设的目的，就是实现沙县小吃核心产品扁肉、蒸饺等的自动化、标准化的流水线生产。通过中央厨房，沙县小吃再次推动中餐的标准化向前迈进一步。

对于连锁餐饮而言，中央厨房已经成了一种标配。没有中央厨房都不敢承认自己是一个连锁品牌。对于中央厨房的建设，行业也始终褒贬不一：有人认为中央厨房难做，往往浮于面子工程，最后成为亏本生意；有人认为中央厨房就是以标准化来降低成本，提升效率。那对于县城美食而言，为什么还要做中央厨房呢？县城美食，尤其是沙县小吃、兰州拉面、桂林米粉这类，产品相似、店铺众多、分布广泛，实际与连锁店铺无异，而在实际的管理中，由于各分店的人员差异，产品的标准化始终是一个伪命题。**仅靠中央厨房去打开市场，拓展各类餐饮订单的确存在困难，但是对于已经形成规模的县城美食，市场已经确定，那中央厨房的效用就能够得到发挥**。有效运营的中央厨房可以成为解决县城美食产品标准化的关键措施。并且，中央厨房的其他好处也显而易见，如低价集中采购、门店人力成本降低、门店厨房面积压缩、综合能源利用率提升、食品安全水平提升等，最终达到成本降低的目标。前文所述的柳州螺蛳粉店铺在外地开店过程中存在的成本高昂的难题，随着中央厨房的设立可以得到有效解决。

当然，县城美食的中央厨房也不是谁都可以做。既然要让县城成为美食的源点，就应以县城为主角，从投入产出的实际角度，做出有成效的中央厨房。甚至可以升级到中央厨房的 2.0 版本——中央工厂，通过专业机械化、自动化设备，

① 三明新闻 - 闽南网：《沙县小吃中央厨房即将建成 总投资超 2300 万元》，https://www.sohu.com/a/306510285_100218112.

围绕品质把控、提升效率、降低成本的核心目标，以极致的标准化，实现统一化采购、标准化操作、集约化生产、工厂化配送、专业化运营和科学化管理。

2．美食不能只靠“味道”，更要让美味“看得见”

**（1）把“好吃”秀出来，让美食元素无处不在。**

**用美食吸引人，除美食街上的美食必须好吃外，整个城市的美食也应该好吃。这是让县城“出圈”，吸引更多游客的关键措施。**日本香川县就是整个城市的美食都好吃的典型案例。

香川县历史悠久，可以追溯到旧石器时期，拥有众多名胜古迹，如濑户内海国立公园、善通寺、金刀比罗宫、栗林公园等。尽管拥有众多历史名胜，香川县在日本的认知度依旧很低。在城市认知度调查中，1998 年，香川县在 47 个都道府县中排名倒数第一；2010 年，排名第 37 名。香川县名气的提升，与本地美食——乌冬面——密切相关。为了捆绑乌冬面，香川县还做了一次“改名为乌冬县”的事件营销，一时掀起日本网民的广泛关注，香川可谓争当了一次“网红”。在线下，香川县的制胜秘诀则是让乌冬面在城市中“无处不在”。

能够一次性吃遍所有乌冬面店的“乌冬巴士”，可以享受餐厅优惠的“乌冬护照”，以及十足了解乌冬面的“乌冬 Taxi”……都是香川县做美食旅游的基本操作，目的是让游客通过各种途径吃到乌冬面。在此基础上，香川县为“乌冬县”设计了一个徽标，这个徽标的使用没有版权限制，只要获得准许就可以自行使用。这在香川县内掀起了市民的热情，大家纷纷将这个徽标印在 T 恤、商品上，进一步加强了美食的宣传。而这也仅仅是开始，从有形的椅子、水龙头，到无形的 Wi-Fi，全都以乌冬面为主题进行设计，真正做到了让乌冬面无处不在！2016 年，国立香川大学农学部开办了“乌冬面学”的课程，让游客能够专门学习关于乌冬面的广泛知识。在香川，人们能吃到乌冬面，看到乌冬面，学到乌冬面，这里有关于乌冬面的一切！通过营销，2015 年，香川县观光人数为 920 万，达到濑户大桥开通后的第二次高峰。

**（2）把“好玩”串起来，借美食秀出县城魅力。**

**要用美食把人引进来，设计一条美食游线是必不可少的。既然是游线，那么就要在让游客吃到美味的同时，领略到县城的城市魅力。**通过美食吸引来展示城市魅力，福建沙县做了一次不错的尝试。

打开小红书，其中关于沙县的分享笔记已经超过了一万篇。实际上在2020年，三明市新增笔记发布量在小红书就排名前20，成为小红书上的热点城市之一。而2020全年有关三明市的笔记中，九成内容包含沙县小吃。小红书相关负责人表示："数据显示，小红书的用户分享，带动了游客来三明和沙县旅游打卡，这将对当地经济发展带来直接推动。"沙县美食在线上形成吸引力的同时，通过精心的游线设计，线下的流量被有效转化成为线下的人气。

文昌街是沙县在小红书上的著名美食打卡地，也被称作"沙县小吃天下第一街"。沙县文昌美食街上每一家都有一个招牌菜，每一家差不多都传承了4代。文昌街的对面就是沙县七峰叠翠公园。这里每晚都上演炫彩的灯光秀。而在七峰叠翠公园二期，特色的滨水灯光栈道营造出宁静、美好的氛围，成为人们享用美食后散步休闲的惬意去处。在利用废弃铁路而打造的沙县铁路公园中，人们除可以乘坐观光小火车观赏沙县城市风景外，还可以享受到每张票赠送的10元文昌街抵用券，在文昌街上无门槛使用。

▲ 沙县七峰叠翠虬龙桥栈道夜景（华高莱斯　摄）

通过一系列“网红”打卡点的有机串联，来到沙县的人们，不仅能品到地道美食，而且能将沙县城市风貌、品质美景都尽收眼底。沙县既是小吃圣地，更是有品位、可分享的“网红”城市，游客在沙县可以收获双重惊喜。

## 四、小县城的美食打法

县城要树立“向往度”，有许多途径，包装文化、宣传山水都未尝不可，但让县城重新审视美食的意义，是希望县城看到美食是一种能够标定县城特色的新资源，是一条能够塑造“向往度”的捷径。**无论县城对外传播的角度是文化还是美食，实际最终的落脚点都在于将人引进来，而相较于文化，美食的滋味，更有烟火气，更能打动广泛的食客，从而吸引爱好美食的人。**

县城要能够引人、招商、获得资源，前提是县城能够以正面的姿态，出现在大多数人的视野之中，形成广泛的知名度。在流量时代中，借助“网红”的力量带火美食，已经得到了广泛的印证，确实是一条有效的途径。而让县城美食“走出去”，让美食保持吸引力和热度，以便捷的物流及工业化、标准化的手段让消费者更容易接触到地方美食，才是美食发展应当探寻的道路。其中，那些符合年轻人口味的美食产品，往往更容易从地方走向全国。

**真正让“走出去”的美食将人吸引到县城来，县城也需要明确自身的美食定位——一个不得不去的“美食发源地”**。要将美食打造成为真正能够留得住游客的旅游资源，仅仅依靠厨师的自律实现美食的品质保障是不够的。县城管理者更应当作为一个标准的输出者，以标准的树立，让游客吃得用心、吃得放心、吃得安心。除吃好外，更要玩好。以系统化的美食标识、创意的游线设计，让游客领略县城的魅力，以吃带游，享受一场畅快的县城美食之旅！

▲最先尝试“以工补农”的区域——浙江省安吉经济开发区（华高莱斯　摄）

# 以工补农——县城产业发展的新空间

文｜鲁世超　高级项目经理

既然“城市极化”对于广大县城是一场严酷的命运挑战，那么县城在不进则退的处境下必须探索出符合自身特征和发展实际的路径，做大年轻人的“流量”。正如本书第二篇《以城带乡，县城的价值机遇》中所述，在新发展阶段，县城迎来了新机遇。在本文之前的各篇文章，已经从城市服务、城市生活、城市传播等各方面给出了县城如何“把握住新机遇，迎接城市极化”的建议。

本文将从新机遇的另一个侧面——以工补农，来阐述县城在“城市极化”的大环境中如何赢得产业发展的新空间。

## 一、以工补农，县城应对“城市极化”挑战的产业生存空间

2020 年 10 月，党的十九届五中全会明确提出全面实施乡村振兴战略，强化以工补农、以城带乡，推动形成工农互促、城乡互补、协调发展、共同繁荣的新型工农城乡关系，加快农业农村现代化[①]。在中央全面实施乡村振兴战略的决策部署下，**县城必将是构建新型工农城乡关系，做强以工补农的主阵地！**这可以从以下两个方面进行解读。

**一方面，以工补农正是县城的使命所在。**从国家政策层面来看，县一级行政区的工作重心就是“三农”工作。习近平总书记在 2020 年中央农村工作会议上要求“县委书记要把主要精力放在‘三农’工作上，当好乡村振兴的‘一线总指挥’”[②]。同时，2021 年中央一号文件指出“把县域作为城乡融合发展的重要切入点，壮大县城经济，承接适宜产业转移，培育支柱产业”[③]。也就是说，县级行政区依托县城发展壮大县域经济，才能更好地服务和带动乡村振兴。把

① 中国农网：《全文 ||2021 年中央一号文件发布》，http://www.farmer.com.cn/2021/02/21/99865704.html.

② 新华网：《习近平出席中央农村工作会议并发表重要讲话》，http://www.xinhuanet.com/politics/2020-12/29/c_1126923715.htm.

③ 中国农网：《全文 ||2021 年中央一号文件发布》，http://www.farmer.com.cn/2021/02/21/99865704.html.

县城的产业发展好，是以工补农的原动力。因此，**全面推进乡村振兴，不只是乡村自身的任务，更要城乡共同发力，以城镇化助推乡村振兴**。

尤为重要的是，对于极化趋势中的大都市而言，一个小县城的“生死”无足轻重；但对于众多村镇而言，它们所在的县城几乎就是它们可获得资源的全部！结合当前县级国土空间规划编制实际，在做大城区的趋势下，县域绝大多数用于工业和生产性服务业的建设用地要向县城集中布局，县城就是县域经济发展的希望所在。相比“村村点火、户户冒烟”的分散布局，将建设用地集约布局在县城，更有利于工业发挥规模效应，节省基础设施建设成本，从而更好地反哺农业。同时，**县城也是县域内这些村镇对接引入更高能级资源的端口**。通过县城发力，才有可能得到省、市的关注，进而获得诸如政策优惠、园区挂牌、企业入驻、金融服务等“超越自身能力范围”的发展空间。县城与村镇的关系就如同一个家庭里的兄弟姐妹，一家人集全家之力把“老大”（县城）供出来了，“老大”也理所应当要帮助“弟弟妹妹”（村镇）共同成长。

**另一方面，发展工业能够与本地农业紧密结合，是县城有别于大都市的独特价值和相对优势**。这是因为，县城既是大城市向下渗透的桥头堡，又是乡与城、农与工最直接的连接器。县城承上启下的独特位置，赋予了县城工农互促的独特价值。围绕农业发展做文章，是大都市“鞭长莫及”而县城“近水楼台”的相对优势。

县城发展在“抓流量、做跳板”的逻辑下，只有发展好第二产业，为农业人口的城镇化提供更好的就业岗位和成就事业的平台，才能吸引更多的村镇年轻人进入县城，也才能反向推动农业的规模化运营，从而实现乡村更好发展。2021 年中央一号文件明确了保障进城落户农民的土地承包权。在这样的政策支持下，县城对于村镇中那些想要进城的年轻人来说无疑是最具择业灵活性的空间，进可入城务工，退可返乡务农。

因此，综合上述两个方面来看，**县城走以工补农的产业发展路径，选择以本地农业为依托的第二产业赛道，正是自身应对极化挑战的独特生存空间**。

▲ 打造与一产联动的工业开发区（华高莱斯　摄）

## 二、以工补农，县城应如何发力？——把握三大立足点，实现工农互促的双赢！

依托本地农业选择第二产业的赛道，视野不应只局限于食品加工、农机装备制造等某几个独立的产业门类。实际上，农业可以延展出众多相关制造产业。以发展功能农业为例，可围绕功能农业的功能性成分，有针对性地发展植物提取物产业，进而通过功能性提取物延展功能食品加工、生物医药、日化产业，构建产业上下游环节的长链条。如果能以农业牵引出多个第二产业方向，那么对于发展县域经济来说已经绰绰有余。同时，以第二产业的发展需要为牵引，可以反向引导种植的植物品类、靶向选育更具功能性成分的新品种，实现以工“补”农，促进农业增收。

那么到底有哪些第二产业新赛道可以供县城选择，实现县城的“以工补农，工农互促”？县城可以根据自身发展需要，从以下三大立足点出发来选择自己的产业未来。

### 1. 立足服务本地农业发展，助力工业发展形成新蓝海

县城作为县域第二产业发展的集中承载区，依托农业发展工业，不能全面铺开、盲目招商，**只有立足服务本地农业发展需要，才能既保障稳定的工业品市场需求，又促进本地农业发展**。

以“中国农业机械之乡”湖南省双峰县为例，双峰县是产粮大县，也是全国优质稻供应基地，粮食播种面积有 111.59 万亩[①]。本地农业发展对于农机的需求强烈，农业机械化在解放劳动力、提高生产效率方面起到显著作用。以一组数据为例：一台 8 公斤的切草机，一小时可完成成年人一天的工作量；一台水桶大小的脱粒机，每小时能脱粒玉米 200 公斤……而它们的价格却只要 200 元左右[②]，在当地非常受农户欢迎。

一边是旺盛的市场需求，一边是由于本地山地丘陵地形，大型机械无法施展的市场缺口，双峰县在原有国企双峰农械厂的基础上，以县城永丰街道为中心自发形成了一批**聚焦小型农机研发、生产的农机制造企业**。现在永丰街道已聚集了农机产品终端生产企业 62 家、配套企业 50 多家，构建起南方地区小型农机从原材料供应到产品研发、制造、销售、服务于一体的完整产业链。现在这里拥有涵盖田间作业耕种收烘、农用运输、农产品加工的微型组合米机，水田耕整机，水稻联合收割机，自动化插秧机，植保无人机等 60 多个品种 300 多种型号的产品[③]。永丰街道党工委书记胡特在接受《湖南日报》记者采访时介绍道：“（农机产业）**以小型农机为特色，专门解决山地丘陵作业需要**。全镇每年生产小农机及配件 400 万台（套），部分产品全国市场占有率达 60%。”[④]在 2018 年 4 月，双峰县被中国机械工业联合会授予“中国农业机械之乡”称号。

① 双峰县统计局：《（湖南省）双峰县2018年国民经济和社会发展统计公报》，http://m.ahmhxc.com/tongjigongbao/14058.html.

② 新湖南：《镇起风云丨双峰县永丰镇：农机轰鸣天下闻》，https://www.hunantoday.cn/article/201808/201808290647267039.html，2018 年 8 月 29 日 .

③ 湖南省人民政府门户网站：《奏响丰收曲——双峰县永丰农机小镇见闻》，http://www.hunan.gov.cn/topic/xzdy/tsxz/201910/t20191024_10489935.html，2019 年 10 月 24 日 .

④ 湖南省人民政府门户网站：《奏响丰收曲——双峰县永丰农机小镇见闻》，http://www.hunan.gov.cn/topic/xzdy/tsxz/201910/t20191024_10489935.html，2019 年 10 月 24 日 .

长久以来，双峰农机的市场范围就是以本省为主体，辐射中南地区。在农机产业蓬勃发展的过程中，政府与企业家始终坚定从服务本地农业出发，充分发挥双峰丘陵山地农机制造优势，突出中小型、灵巧性农机特色。政府没有盲目招商，企业也没有盲目拓展产品线。它们敏锐认定了**农机市场的新蓝海——不在北方，而在国外！**双峰农机避免与河南、山东、黑龙江等大型复式农机的制造大省争夺平原地区的市场，转而将市场选在地貌条件与湖南近似的东南亚地区。市、县政府积极为企业搭建平台，支持本地农机“走出去”。

一方面政府主动搭台，举办“湘博会”、中国娄底—加纳农机产销线上对接交流会等，为本地农机企业提供展销舞台；另一方面积极对接外部知名展会，将本土农机企业送上“进博会”“中非经贸博览会”等高能级国际商贸展会。而且，县政府积极展开与长沙海关、韶关海关的合作，将两地海关工作站引入双峰县，为农机走出国门创造便利。目前，双峰县农机企业的产品已占领越南、泰国、老挝等东南亚国家60%以上的市场，并已远销到非洲和俄罗斯。2020年，双峰县全年实现农机出口1 837万美元，同比增长85.9%[①]。

在选准市场的同时，政府与企业也围绕小型、定制在技术升级上积极探索。在智能农机发展大趋势下，湖南省提出打造“全国智慧智能农机产业链发展新高地”的建设目标，双峰县被赋予“打造智慧智能农机整机制造集群”[②]的使命。双峰县联合19家科研院所、35家企业开展产学研合作，组建了3个国家级研发平台、10个省级研发中心[③]。2020年5月，本地5家农机龙头企业成立双峰县丘陵农机研究院，重点研发油茶产业全程无人作业农机，并为全县农机企业提供技术创新和研发服务。目前山地轨道智能化运输系统、智能遥控自走履带式旋耕机等本地需求的定制化农机正在研发之中。随着2021年中央一号

① 中国新闻网：《“中国农业机械之乡”双峰：创新“与众不同” 抢占东盟非洲市场》，https://www.chinanews.com/cj/2021/01-31/9401066.shtml.

② 娄底人大微信公众号：《两会反响丨杨懿文：支持湖南打造智慧智能农机全产业链发展高地》，https://mp.weixin.qq.com/s/k2VNiTyQs5RHMGiuwlU5oQ，2021年3月9日.

③ 红网：《链动丨双峰农机：“链”上发力 焕发新“机”》，https://baijiahao.baidu.com/s?id=168450463168933633&wfr=spider&for=pc.

文件发布，其中“支持高端智能、丘陵山区农机装备研发制造”[①]的要求，无疑是对双峰县立足服务本地农业发展，坚定走小型定制方向的最好褒奖，市场将越发开阔。

▲ 适用于丘陵地形的小型农机工作场景（图片来源：全景网）

如果双峰县的农机制造产业是本地既有产业因坚持服务本地农业开辟了市场的新蓝海，那么双峰县的另一大主导产业——生物医药，则是由服务本地农业发展开辟出的另一个新领域的蓝海。

双峰县的第一个生物医药项目是湖南威嘉生物科技有限公司。公司于 2011 年在县城经济开发区内建成投产，以青蒿素为主要产品，为全球第二大制药企业诺华制药提供原料。生物医药产业依托本地中药材种植基础（县内甘棠镇素有“药材之乡”的美誉）而发展，仅短短十年时间，已发展成为主导产业之一。良性的“工农互促”也让生物制药产业对中药材种植的品种和规模形成了引导。仅威嘉生物一家企业，年产青蒿素就达 60 吨，占全球青蒿素产量的 25%，年

① 《全文丨2021 年中央一号文件发布》，农民日报，2021 年 2 月 21 日 .

需求干青蒿草达到 4 000 吨。目前双峰县发动农户种植青蒿超过 3 000 亩，为双峰农民增收超过 500 万元[①]。2021 年，设计产能 260 吨的蒿甲醚等原料药产业化项目也将投入建设[②]。在这样的良性循环模式下，双峰县全县还开辟了 8 000 多亩农田进行栀子花的种植，为引进栀子花提取企业积极准备，希望拓展开发栀子油、栀子甙、绿原酸等高科技产品[③]。可以说，双峰县生物医药将驶入"深蓝海"。

### 2. 立足提升农产品附加值，开辟工业发展的新赛道

立足提升农产品附加值，也是县城选择工业发展方向的重要参考。当前依托农产品向后端延展第二产业的思路和方式还相对初级，大多停留在农产品初加工，做罐头、果汁、脆片等上。但围绕农业的县域经济要想长足发展，要关注提升的恰恰是"大农业"产业链的第二产业环节。因为只有第二产业开辟出更有效益的发展方向，对于农民收入、政府税收才能有更为明显的拉升作用。

以河北省曲周县发展植物提取产业为例，其产业发展之初仅有一家由县五金厂接收且濒临破产的小色素厂。凭借对市场的敏锐把握和对提取技术的不断创新，当年的小色素厂已发展成为世界领先的农产品精深加工、天然植物提取行业龙头企业——晨光生物，并连续 12 年保持辣椒红色素产销量世界第一。曲周县以晨光生物为龙头，发展起植物提取产业，正是瞄准了农产品提取天然色素所蕴含的巨大经济价值，并且在产业发展的过程中从纵向提升和横向提升两个方面入手，进一步提升农产品的附加值。

**（1）纵向提升：从天然色素转向天然香辛料和精油提取，再到保健食品、功能性食品升级。**

曲周依托晨光生物发展植物提取，起步于用辣椒提取辣椒红色素。从农产

① 中国新闻网：《青蒿易种"钱景"好 成湖南双峰农民脱贫"致富草"》，http://www.chinanews.com/cj/2020/07-27/9249046.shtml，2020 年 7 月 27 日．

② 娄底市生态环境局：http://sthjj.hnloudi.gov.cn/ldstj/hbyw_hjyxpj_slgs/202102/eb63c3189e324907845a5f8eb471bb7d.shtml.

③ 双峰县广播电视台微信公众号：《栀子花好看价更高》，https://mp.weixin.qq.com/s/dNa8BqQ96oB6uZiHxg3nAw，2019 年 5 月 27 日．

品利润价值来说，这相比卖干辣椒和辣椒酱已经有了很大的提升——按 2021 年当前的市价，干辣椒是约 20 元 / 公斤，制成辣椒酱是约 40 元 / 公斤，提取辣椒红色素粉末是约 120 元 / 公斤以上[①]。龙头企业晨光生物首创了辣椒红色素连续提取分离技术，其产品辣椒红色素、辣椒精、叶黄素产销量位居世界第一，辣椒红色素产销量更是占据了世界份额的 60%[②]，使中国一跃成为世界辣椒红色素生产强国。

然而，提升农产品价值、发展植物提取远不止于此。晨光生物从发展初期的单一产品辣椒红色素提取，到现在已形成了几十个品种，不仅开拓了叶黄素等更多的天然色素种类，更拓展了香辛料提取物和精油、营养及药用提取物、油脂和蛋白等领域。但是，**这些提取物产品只是产业链上的中端产品，不能为消费者所认知，晨光生物在农产品加工领域所进行的一大跃迁，就是瞄准大健康，开发保健品、功能性食品等终端产品**。2019 年，已拥有日产能 100 万粒的保健食品软胶囊生产线取得了番茄红素、叶黄素等 7 种“小蓝帽”保健食品生产资质。晨光生物董事长卢庆国在接受记者采访时曾算了一笔账：“以前天然色素论公斤卖，加工成保健品后是按克卖，附加值翻了 110 多倍……番茄红素平均每克市场售价 18 至 20 元。”

在当前全球植物提取物市场高速发展（预计全球 2019—2025 年市场复合增长率为 16.5%[③]），保健食品越发受消费者关注的机遇下，这种以前沿消费牵引的农产品加工业必将有更广阔的发展前景。立足提升农产品附加值所开辟的工业发展赛道，以植物提取为锚，延展到保健食品、功能食品的终端产品，为“大农业”打开了发展空间，更为县城选择工业发展赛道拓宽了思路。

**（2）横向拓展：从第二产业的植物提取、农产品加工反向引导第一产业种植更高价值的农作物品种。**

---

① 产品价格由各地方农贸新闻及阿里巴巴电商平台批发价综合获取。

② 证券日报：《五问晨光生物：靠什么实现 10 个世界第一的“梦想”》，https://baijiahao.baidu.com/s?id=1682174740533935713&wfr=spider&for=pc，2020 年 11 月 1 日 .

③ 光明日报：《卢庆国代表：支持植物提取行业健康发展》，https://m.gmw.cn/baijia/2021-03/09/34671872.html，2021 年 3 月 9 日 .

曲周原本不是植物提取产业的原料产地。随着植物提取产业对于原料作物的需要，自 2013 年开始进行功能性原料作物甜叶菊的种植。甜叶菊，其叶含甜菊糖苷，是一种低热量、高甜度的天然甜味剂，是食品及药品工业的原料之一，广泛用于无糖饮料中的代糖。

在这条新赛道上，晨光生物在曲周搭建了“企业 + 合作社 + 农户”的合作模式平台，成立了晨绿甜叶菊种植专业合作社。以其为龙头，依托中国农业大学曲周实验站的技术支撑，拓展了 1 万多亩的种植规模。目前，以曲周为中心的甜叶菊种植产业，逐步带动周边 5 个县 100 多个自然村、3 500 余个种植户，惠及人员达 2 万余名[①]。村民每亩甜叶菊收入在 6 400 元左右，收割甜叶菊后还可以继续种植农作物，每亩农田一年收入在 12 000 元左右[②]。在不影响粮食作物种植的前提下，种植甜叶菊大大提高了农民收入。

晨光生物作为龙头企业，通过发展“订单农业”的方式打消了农户在种植新品种时对于市场销路的担忧：企业通过保护价收购来保障农户收益——当市场价格高于保护价时，企业适当提高收购价格；当市场价格低于保护价时，企业以保护价进行收购，保证农民正常收入不受影响。“订单农业”模式不仅带动了本地和周边地区农业发展，更实现了“**农产品加工企业对于农业发展促进与结构调整**”模式的推广复制。在新疆巴州，晨光生物带动辣椒种植面积发展到 60 万亩，使当地成为全世界色素甜椒的最大产区；新疆喀什地区莎车县种植基地的万寿菊种植面积达 20 万亩，是亚洲乃至全球最大的万寿菊种植、加工生产基地。莎车县农民以前主要种植小麦、棉花，但收益较低，自种植万寿菊之后，每种植一亩万寿菊，纯收入在 2 000 多元，种植 2 亩万寿菊的收入就可以让一名维吾尔族群众脱贫。从 2012 年至今，南疆 6 万多户近 20 万人通过种植万寿菊摆脱了贫困。[③]

---

① 光明经济网：《河北曲周：万亩甜菊托起群众致富梦》，https://economy.gmw.cn/2021-02/02/content_34593260.htm，2021 年 2 月 2 日 .

② 人民号：《河北曲周县曲周镇：探索“一地生四金”实现精准扶贫》，https://rmh.pdnews.cn/Pc/ArtInfoApi/article?id=16833677.

③ 光明日报：《卢庆国代表：支持植物提取行业健康发展》，https://m.gmw.cn/baijia/2021-03/09/34671872.html，2021 年 3 月 9 日 .

▲ 可用于色素提取的万寿菊，连接起第一产业和第二产业（图片来源：全景网）

晨光生物能够在曲周发展壮大，也绝非偶然。除企业自身重视人才、不断创新，县政府也在其发展过程中起到关键的帮扶作用。在科技创新方面，县政府由领导干部带队分包龙头企业，选派科技特派员对重点企业进行“一对一”指导；建设了全省首家县级工业设计创新中心，为全县各行业企业提供产品设计、创新研发、知识产权、人才培训等服务。尤为重要的是，政府相关部门帮助企业进行专利甄别，鼓励企业申报专利、搭建科研平台。晨光生物正是在政府相关部门动员下才申报了省级工程技术中心。正是因为认识到高水平研发中心的重要性，此后晨光生物全力搭建科技创新平台。目前，晨光生物已拥有国家认定企业技术中心、国家地方联合工程实验室、院士工作站等一系列科研平台。不仅在产业上，县城为企业提供支持，在城市生活方面政府也积极作为在工业园区附近专门划拨土地，建设专家公寓、职工小区、幼儿园、小学等附属设施，并配置高水平师资力量。县里第一座人才公寓在 2021 年已正式启用，打造成为吸引留住人才的标杆。

如曲周县这般，通过农产品加工业反向引导农业种植高价值品种，带动农民增收的，已在全国多地有成功实践的案例。前文所述的双峰县发动农户种植青蒿也是如此。以发展植物提取产业为例，县城与村镇最终可以共同构建形成“育种、种植—成分提取、加工—终端保健食品”的全产业链闭环。

这正体现了“工农互促、城乡互补、协调发展、共同繁荣的新型工农城乡关系”，揭示了县城立足提升农产品附加值，选择第二产业发展全新赛道的未来趋势。

### 3. 立足转化本地农人身份，以更多的就业机会吸引年轻人进入县城

通过发展第二产业，让更多的农村年轻人进入县城的工业企业，从而提高收入、改善生活，实现身份转换，也是“以工补农”的题中应有之义。这是因为，尽管“农民市民化”并非近年来才出现的新趋势，但在“新发展理念”的引领下，农业转移人口市民化纳入城乡共享发展系统，是实现农业现代化与工业化、新农村建设和城镇化同步发展的必然要求，也是城乡融合发展、共享工业文明发展成果的重要体现[①]。

随着物联网、智能农机等先进农业技术的推广应用，科技兴农将大大释放农业劳动力。现在身处农村的年轻人中，未来将有一部分人仍愿意从事农业的转换成为职业农民，而更大一部分将进入城市就业、成为市民，以获取更大的发展空间和更好的发展条件。

因此，**在发展第二产业中，县城立足“为农业转移人口市民化创造更多的就业岗位”，也是可供选择的新思路**。只有通过发展第二产业创造出更多高价值的就业机会，帮助农村年轻人顺利实现身份的转换，才能抓住农村年轻人的“流量”，成就他们走上更高的平台。

县城发展第二产业，与大都市相比，具备一大特殊之处——人情社会。在人情社会的环境下，**往往一个人就能带来一个企业，一个企业就能带动形成一个产业**。所以，重视返乡人才投资创业，是县域经济发展的关键。湖北省武穴市吸引人才返乡，发展起电子信息产业；重庆秀山县吸引渝商返乡，发展起包材产业等，这样的例子越来越多地进入大众视野。我国一向重视并鼓励引导人才返乡，各部委先后印发了《关于推动返乡入乡创业高质量发展的意见》《关于推进返乡入乡创业园建设提升农村创业创新水平的意见》等相关政策文件。2021 年 2 月更是以中共中央办公厅、国务院办公厅的最高规格印发了《关于加

① 光明日报：《用共享发展理念引领农业转移人口市民化进程》，https://epaper.gmw.cn/gmrb/html/2019-12/16/nw.D110000gmrb_20191216_2-16.htm，2019 年 12 月 16 日 .

快推进乡村人才振兴的意见》。**通过返乡人才把在外打拼所积累的资本、掌握的技术反哺家乡，培育本地乡村的年轻人有一技之长、获得稳定的就业岗位，才能更好地实现全面推进乡村振兴。**

▲ 乡村年轻人通过技能培训进入县城，实现市民化转型（图片来源：全景网）

河南省是人力资源丰富、外出务工人员众多的大省。河南省正是通过鼓励“返乡入乡创业”，带动农民在城镇化中实现身份转换，助力乡村脱贫。2016年以来，国家发展改革委在全国确认了341个县（市、区）开展支持农民工等人员返乡创业试点工作，河南省共有21个入选，是试点最多的省份。截至2020年三季度，河南省累计吸纳58.9万农民工等人员返乡创业，创办市场主体41.1万个，带动就业253.4万人[①]。以河南省平舆县为例，作为河南省返乡创业试点先进县，正是由县政府积极对接在外的平舆籍企业家，邀请回乡投资创业，发展起建筑防水产业、户外休闲用品产业。2020年，平舆全县返乡创业人

① 河南省发展和改革委员会网站：《激发返乡创业活力 助推县域经济高质量发展——平舆县返乡创业试点经验》，http://fgw.henan.gov.cn/2020/11-11/1888908.html，2020年11月11日．

员达 2.8 万余人，创办各类实体 2.6 万余家，带动就业近 11 万人 [①]。其试点经验在全国推广，2020 年入选国家发展改革委《推动返乡入乡创业高质量发展——返乡入乡创业典型案例汇编》。

平舆县通过培育本地农民、实现城镇就业的"以工补农"之路，给予广大县城发展工业所带来的启示：**发展第二产业的赛道选择，除"与本地农业结合"及"提升本地农品附加值"外，还可以通过"外部人才增量"来带动"本地人口存量"**。那么，对于刚刚提到的第三种赛道选择，县城要如何实现呢？那些拥有大量外出务工人员的县城，不妨向平舆县取取经。

平舆县政府一方面是为返乡人才在本地投资设厂提供全方位的优质服务环境。在科技服务方面，政府举办建筑防水产业大会，与中国工程院王复明院士合作建设全国唯一的防水防护院士工作站，并促成中山大学河南研究院落户；在金融扶持方面，政府设立 1 000 万元创业基金，同时将个人创业、组织就业创业担保贷款最高额度分别提高到 15 万元、150 万元；在物流运输支撑方面，政府积极与宁波港、中国国家铁路集团有限公司对接协调，开通了平舆至宁波舟山港海铁联运班列，并给予物流补贴，为户外休闲企业运输成本降低 41%；在办公场地方面，规划建设 15.15 平方千米的产业集聚区和 2.23 平方千米的中央商务区，作为承载第二产业及相关生产性服务业的主要承载空间，并建成电子商务运营服务中心……

另一方面是为返乡人才树立人才自豪感和回报乡梓的荣誉感，让"乡情感召"成为县域产业发展的纽带。政府着力培育敢为人先、经营有方的企业家典型，每年召开返乡创业表彰大会，对优秀返乡创业人员给予重奖，授予"平舆功臣""平舆优秀企业家"称号，激发优秀人才返乡创业热情。正是由于"头雁"企业家的带动，至 2020 年，平舆吸引了 18 家防水材料生产企业和 54 家户外休闲用品企业入驻 [②]，现已成为中部最大的户外休闲用品产业基地。

平舆县正是通过积极吸引在外的人才返乡创业，从而带动了更多本地农民进

---

① 光明日报：《用共享发展理念引领农业转移人口市民化进程》，https://epaper.gmw.cn/gmrb/html/2019-12/16/nw.D110000gmrb_20191216_2-16.htm.

② 光明日报：《用共享发展理念引领农业转移人口市民化进程》，https://epaper.gmw.cn/gmrb/html/2019-12/16/nw.D110000gmrb_20191216_2-16.htm.

城就业和技能提升。其成功经验绝非偶然，仅在河南省，就有汝州市、光山县、鹿邑县、平舆县4个返乡创业试点县（市）入选国家发展改革委的返乡入乡创业典型案例汇编。因此，立足培育本地农民，通过做强第二产业为他们创造出更多高价值的就业机会，也是县城扩大人口“流量”的可供借鉴的经验。

综上所述，无论服务本地农业发展还是提升本地农产品附加值，抑或是培育本地农民，本文希望告诉读者的是：“以工补农”的赛道选择可以多种多样，但是内在规律都是一样的，那就是开篇所说——深入挖掘自身的相对优势并充分放大相对优势，基于县城自身的长板抓住“十四五”和“全面乡村振兴”的新机遇，由此，就可以在“城市极化”的挑战中赢得县城的大未来！

▲ 浙江温州瑞安 国内的百强县之一（华高莱斯　摄）

# “飞地经济”2.0——小县城也能与大都市共舞

文｜金美灵　资深项目经理

当前，向大城市“借力”发展，已成为各县级政府的普遍共识。大家都清楚，县城发展的战场不仅在自身的腹地，更应拓展至大城市，到资源富集的地方争取“分一杯羹”。但从现实看，实力强劲的“百强县”，多数仍聚集在大都市的周边。对于远离大都市的县城来说，要如何发展才能更好地对接大都市，分享大城的发展红利呢?

在本文之前的各篇文章已经从多个视角，剖析了县城面向腹地要“流量”进而实现自身崛起的“吸星之法”。本文将跳出县城自身的战场，站在大城市的舞台，看看县城应如何发展“飞地经济”，实现“破局”“入圈”，与大城市共舞。

## 一、“飞地经济”，中国特色的区域协同发展模式

2016 年，国家“十三五”规划纲要明确提出，要创新区域合作机制，通过发展“飞地经济”、共建园区等合作平台，建立互利共赢、共同发展的互助机制。2017 年 6 月 2 日，国家发展改革委等八部门联合发布《关于支持“飞地经济”发展的指导意见》，“飞地经济”首次获得了国家层面的正式肯定与推广，从更高的层面打破跨区域合作的屏障，进一步强化资源配置优化，发展成果共享的区域协同发展。随着政策的加码，“飞地经济”逐渐成为近年来各县城产业发展，融入城市群，对接一线与新一线城市发展红利的热词。

**一直以来，在我国“飞地经济”与产业转移、产业协同有着深度的绑定。**

“飞地（Enclave）”是地理学和国际法的一个重要概念，是指位于其他国家国境之内而与本国不相毗邻的领土，或同一国家内位于某一行政区域包围之中而被另一行政区域管辖的土地。① 根据吴素春（2013）的研究综述，我国语

① 吴素春．“飞地经济”研究综述与展望［J］．山东工商学院学报，2013，27（3）．

境下的"飞地经济"与国际主流的研究内容有着较大差异，国外学者的研究集中于民族（移民）"飞地经济"、资源型"飞地经济"和外国直接投资（FDI）三类，而国内的研究则集中于具有中国产业转移特色的"飞地经济"模式。可见，"飞地经济"在我国有着独特且鲜明的时代产业特色与内涵，其与中国过去几十年产业发展动能快速从国际到国内、从东部向西部转移的时代背景有着紧密联系，是产业高效转移的中国式创新之一。

事实上，我国对"飞地经济"的探索已有数十年的历程，用"飞地"跨区域发展经济则可以追溯到更早。早在中华人民共和国成立后的计划经济时期，便有诸如位于江苏盐城的上海大丰农场、江苏徐州的上海大屯煤矿、黑龙江齐齐哈尔的北京市双河农场等"飞地"，跨区域推动了北京、上海等重要城市的工业化，支撑起"三线建设"的战略目标。1994 年，国务院批准设立中新合作苏州工业园，我国开启了跨国产业协同的"飞地经济"模式探索。随着我国东部沿海城市产业的快速发展，区域产业转移与协同的趋势进一步强化，加之产业扶贫、山海协同等跨区域协同发展的需求，越来越多的省、市大胆创新，发挥各地比较优势，开启了多样的"飞地经济"模式探索。江苏协同南北，苏南苏北的城市跨江结对发展，开设了苏州宿迁工业园，昆山（沭阳）工业园、常熟（泗洪）工业园等①。其中，"江阴—靖江工业园区"作为首个跨江联动的共建园区，至 2016 年年底完成规模以上工业生产总值 120.79 亿元，总投资达到 85.39 亿元。苏州、宿迁在 2015 年就已建成 6 个共建园区，累计完成固定资产投资 800 多亿元②。"飞地经济"让苏北的诸多县、市更高效全面融入长三角的大发展格局中，无论产业项目还是发展理念全面对接先进区域，实现了省内协同发展。

再以深圳为例，一方面，为突破自身土地资源限制，同时充分发挥区域比较优势，深圳市积极拓展省内飞地，实现了大湾区创新资源的协同聚合。最具代表的是其与汕头市政府共建了深汕特别合作区，形成了"深圳总部 + 深汕基

① 中央政府门户网站：《"飞地经济"使江苏走出一条推动区域共同发展之路》，http://www.gov.cn/jrzg/2007-12/20/content_839102.htm，2007-12-20。

② 查婷俊，刘志彪 ."飞地经济"的江苏实践［J］. 环境经济，2017（16）.

地”“研发 + 生产”的发展格局。2018 年，合作区落户的企业更是 87% 以上来自深圳，园区科技类项目占到了 81% 左右[1]。另一方面，深圳更以开放的姿态，与诸多省外城市合作建设“飞地”，包括湖南衡阳白沙洲工业园区（深圳工业园）、新疆喀什深圳产业园、陕西深陕（富平）新兴产业示范园[2]，进一步强化了深圳产业创新的辐射范围，推动东西联动的产业转移。

正如国务院发展研究中心资源与环境政策研究所副所长李佐军所述：“产业转移往往是通过企业或项目来承接，是点与点的对接；‘飞地经济’则往往是不同的行政区围绕某个园区共同建设展开，是面与面的对接……，这种合作往往更深入、更立足长远[3]。”“飞地经济”在全国各地的实践中，已被证实为可破解产业转移中集中度低、规模小、资金不足、信息和人才缺乏等问题，从区域层面展开经济发展存在落差的行政地区之间的产业转移，实现优势互补，促进经济一体化发展的区域经济合作模式。

## 二、到城里去！县城的“飞地经济”已从1.0时代迈入2.0时代

历经几十年的探索，在各地多样的飞地合作摸索过程中，“飞地经济”已悄然从 1.0 时代迈入 2.0 时代。“飞地”的合作，已不再局限于“从高向低飞”，而是出现了许多“从低向高飞”“平飞”“两地互飞”等更加多元的合作模式。而对于县城而言，最值得关注的一个“飞地经济”发展趋势便是“反向飞地”（或“逆向飞地”）的涌现。

所谓“反向飞地”，与较为常见的“正向飞地”相对，是一种从欠发达地区进入发达地区发展“飞地经济”的模式。县城不再将产业发展的眼光局限于自身的一亩三分地，而是放眼区域，乃至全国，开始“飞”到城里去！而这其中，对于“反向飞地”探索实践较为全面的代表性区域便是浙江省。为强化山海协作，实现全省高质量发展，浙江从省级层面引导，探索出了“消薄飞

① 产耀东．“飞地经济”模式视阈下的深汕特别合作区发展研究［J］. 中国经济特区研究，2018（1）.

② 深圳梦：《深圳发展飞地经济：深汕 + 江门 + 河源 + 喀什都等城市圈进来了！》，https://www.sohu.com/a/213387102_675420.

③ 中国智库网：《李佐军：“飞地经济”如何飞得更高》，https://m.sohu.com/a/148876107_619341/，2017 年 6 月 14 日.

地"①"生态补偿飞地"②"科创飞地"③三大类"从低向高飞"的特色模式。

▲深圳天安云谷与内地中小城市合作飞地孵化（华高莱斯 摄）

"消薄飞地""生态补偿飞地"都是经济欠发达地区在发达地区建设产业片区，"入股"发达地区的产业园区，与发达地区共享园区运营发展的长效收益。浙江省发展和改革委员会副主任陈伟（2019）以庆元县为例，分析了此类"飞地"对贫困县区卓越的经济拉动作用：如果庆元县能在发达地区设立2平方千米、亩均生产总值250万元的"生态补偿飞地"，到2022年该县人均生产总值

① 消薄飞地：由集体经济薄弱村集中资金、土地等资源配置到结对发达地区，依托成熟的开发区（园区）联合建设可持续发展项目并取得固定收益的模式。

② 生态补偿飞地：生态功能县抓住大湾区、大都市区建设等重大机遇，在杭州江东新区、宁波前湾新区、温州瓯飞滩等地规划建设5～8个不小于2平方千米的"生态补偿飞地"，作为重要水资源保护地和生态功能保护区的工业发展平台。

③ 科创飞地：26县结合自身产业，在杭州、宁波等发达地区设立若干"科创飞地"，瞄准本地主导产业链缺失的关键环节"补链""强链"，有针对性地引进先进装备制造、新能源新材料、生物医药、农产品精深加工等项目和企业，形成总部孵化，研发在大都市，产业基地、仓储物流在浙西南山区的产业合作新格局。

便能达到全省人均水平[①]。这两类“飞地”都是突破生态与区位掣肘，通过把土地资源、劳务人员等从欠发达地区置换到城里，将发展带来的收益带回欠发达地区，实现两地“双赢”——一方面实现了有限资源更高效的跨区域配置，另一方面实现了发展红利的共享。

“科创飞地”则是更具代表性的探索。其中最具代表性的就是位于杭州城西科创走廊，与杭州海创园、阿里巴巴淘宝城比邻的衢州海创园。2016 年开园的衢州海创园是浙江省第一块创新型“反向飞地”。截至 2018 年 5 月，开园仅一年多，衢州海创园就引入项目 164 个。其中，产业项目 75 个，总投资额 18 亿元；基金项目 89 个，资金管理规模 44.28 亿元[②]，实现了“创新创业在杭州，产业化在衢州”的两地协作。继衢州海创园之后，淳安、诸暨、上虞、金华、长兴等地也纷纷将自身创新“飞地”落户杭州。比起“消薄飞地”和“生态补偿飞地”，这类“飞地”是一种更为深入且前瞻的“双赢”合作模式。一方面，与前两者类似的是，这类“飞地”能够“把地让出去，把钱带回来”。通过资源配置的优化，实现税收及园区营收的两地分成，让相对欠发达地区能够共享快速做强的杭州所带来的发展红利；但更关键的是，这类“飞地”能够通过异地孵化、本地开花，进一步共享杭州的资金、人才、创新资源，实现本地产业的跃迁式发展。与前两者的行政牵引为主不同，这类“飞地”的自主性与灵活性更高。

当前，以“反向飞地”为突出特色的“飞地经济”2.0 时代，呈现出以下两大趋势。

### 1．经济欠发达的县、市从被动转向主动

过去，产业发展相对薄弱的县市一般是被动等待国家、省、市等上级政府作“官媒”、结“对子”的“飞地”合作机会。如今这些县、市不再被动等待，而是主动出击，积极向大城市靠拢。

以上海奉贤区南桥镇为例，该镇的 5 个村以集体资产在虹桥购置总部楼

① 陈伟．深化山海协作“飞地经济”发展［J］．浙江经济，2019（2）．

② 杭州网：《未来科技城全省首个“飞地”经验 孵化在杭 投产在衢》，http://biz.zjol.com.cn/zjjbd/cjxw/201806/t20180627_7634712.shtml.

宇，建设"东方美谷·虹桥中心"。南桥落子虹桥不仅通过在红桥区投资楼宇，实现了村集体资产的保值增值；同时，更以"东方美谷·虹桥中心"为据点，用"以租代税"的方式，鼓励中心入驻的跨国公司、国内领军企业总部注册并缴税在南桥；更进一步伺机将入驻企业的研发、生产的环节引回南桥镇。南桥镇的主动出击一举三得，创造了"反向飞地、两桥对流"的新模式。

▲ 上海奉贤区东方美谷（华高莱斯　摄）

再看"飞"得更远的常熟（北京）创新中心：常熟从长三角"飞"到北京，运营2年，累积落地常熟企业39家，获评姑苏人才、常熟领军等各类人才企业11家[①]。该"逆向孵化"的创新"飞地"虽然并非两地政府的官方合作，从行政管理上并无北京市政府官方背书，但通过市场化运作，实现了"借鸡生蛋"，成为常熟产业创新的有机外延。而上文中提到的衢州也尝到了甜头，将眼光进

① 清华控股：《数据看"飞地孵化器"，常熟（北京）创新中心交出两年成绩单》，https://www.thholding.com.cn/news/show/contentid/2703.html.

一步放向全国，陆续在深圳、上海、北京、杭州等地开设了6个“飞地”[①]。无锡甚至将眼光扩展到全球，在瑞士乌普萨拉大学开设中瑞生物医药离岸孵化器，至2020年5月，回流了10个高端项目，其中有6个药品项目，并且申请了6项国际发明专利[②]。

越来越多的县、市政府开始主动出击，以“反向飞地”的方式将触角伸向创新资源更加富集的大都市，在异地培养本地发展的新动能。

2. “飞地”的选择从行政主导转向市场主导

与过去上级政府指定下的“飞地”不同的是，“反向飞地”的布局实际上更加尊重市场的规律。随着我国工业化、城镇化的快速推进，产业人口向大城市进一步聚集，县城比起大城市的成本优势正在快速缩减。同时，各地发展产业的意识与经验都在快速迭代增强，招商时“僧多粥少”的局面进一步加剧，小县城想要到大城市招商引资，需要让渡的成本也在快速增加。小县城招不起大龙头，那招商引资那些具有成长潜力的创新型中小企业是否还行？实际上，让中小企业迁出大城市，它们的顾虑往往更多。

这当中最核心的痛点之一就是人才！笔者与地方政府和企业沟通县城产业发展时，往往会听到以下困惑：“人才引进真的非常困难，尤其是高端人才。重金引进，给房给职称都很难引进几个，即便来了也很快就走了。哪怕没走，来这里干个一两年，人的水平慢慢也不大行了……”显然，大城市人才聚集的“马太效应”正在不断强化。对于人才，尤其是高端人才而言，大城市给得了的，小县城给不起，更给不了。不仅是大都市中那些高品质多元化的都市服务和公共服务吸引人才，大城市中强大的“人才环境”才是让人才难以离开大城市的关键。

很多时候，造就人才的不仅是其个人的能力，而是人才“圈子”带来的行业信息与创新经验的快速传播交互。就当前我国的县城主体而言，其产业与人

① 谷川联行：《招商引资方法：欠发达地区如何招商？反向飞地或是新思路》，https://www.sohu.com/a/289359639_232843.

② 无锡发布：《【无难事 悉心办】当瑞典遇见无锡，“科创飞地”反向出击》，https://new.qq.com/omn/20200518/20200518A0FCGP00.html?pc.

才密度几乎是养不起高水平人才的，这是赤裸裸的客观现实。而在大城市建设"反向飞地"，则正如任正非所说"离开了人才生长的环境，凤凰就变成了鸡，而不再是凤凰"，因此要顺应市场趋势，"到有凤的地方筑巢"，而非"筑巢引凤"。比起过去政府"拉郎配"的飞地模式，"反向飞地"显然是更加顺应产业创新资源布局的客观市场规律的。

**可以看出，进入"飞地经济"2.0时代，县域主体已不再走梯次转移产业、承接发达地区落后产能的老路，而是更加主动地将"飞地"用作本地与大城市创新协同的新武器**。然而比起过去被上级政府自上而下安排的"飞地模式"，"反向飞地"的建设和运营对县政府提出了更高的要求——不仅要长效运作清楚，更要前期想明白，不可盲目跟风。因此，明确目标、用对方法则显得尤为关键。

## 三、明确目标，"飞"去城里图个啥?

进入经济下行与产业调整共同作用的时期，对于县城经济体而言，产业招商成了一个重要课题。国内较早尝试"逆向飞地孵化"的科创平台公司清控科创总裁程方先生认为"飞地本质是一个区域招商中心"[①]。但是对于县城而言，如果只是把"反向飞地"当成新型的招商办公室，或是一个孵化器，乍看上去似乎并不是一笔好买卖。一方面，它需要长期的深耕及专业化的运营，以及足够的政策激励，投资风险并非可忽略不计的小数额；另一方面，实际来看，招引落地的项目数量、投资规模，乃至带来的税收都很难比得上过去招一个龙头。这样，"反向飞地"投资不小，效果也并不立竿见影，那"飞"去城里，到底应该图个啥，能图个啥呢? 如果没有从一开始就想清楚这个"工具"的适配性而盲目跟风，最终很可能竹篮打水一场空。

客观来说，若不是如浙江省"消薄飞地""生态补偿飞地"一样，由高能级行政牵引，有长效的管理机制保障，且能持续获得税收及经营、资产收益，"反向飞地"并不适合产业基础薄弱的地区奠定工业基础。**"反向飞地"更适**

① 清控科创：《媒体专访丨清控科创程方：五大赋能，轻资产迭代》，http://www.tiholding.cn/zh/web/newsgroup/details.html?newid=7472.

**合具备产业基础，站在非生即死、转档升级关键节点的“小行星”“小恒星”式县城，未雨绸缪，培育第二增长曲线。可以说，“反向飞地”并不是给差生补基础的“辅导班”，而是给优等生突破瓶颈的“提分班”。如果“飞地经济”1.0的建设，是我国产业转移背景催生出高效产能转移的特色模式；那么这几年越来越火热的“飞地经济”2.0，则更符合当前产业发展从高速增长向高质量发展的转型需求。**

“反向飞地”的实际价值有以下 3 点。

**1．“反向飞地”可助力抢占增量，融入高阶产业生态**

对于一个县城而言，产业的溢价和发展的质量与能否在更高能级产业生态中拥有一席之地息息相关。我们会发现德国、日本、意大利等老牌工业强国，总有些名不见经传，也并不紧邻大城市的小城“藏龙卧虎”，拥有世界知名的大企业。例如，在《从“文旅融合”到“城旅融合”——招商视角下的县城旅游发展》一文中分析的日本滨松就有雅马哈这样的国际大牌；大众汽车的总部则在德国沃尔夫斯堡这样的小城……正是因为较早地完成了工业化，这些小城在产业国际化的初期抢占了上游产业生态位，享受更高的产业利润。热播电视剧《山海情》中，同样高品质的蘑菇，在本地每斤仅能卖出不到 1 块钱，但当政府与民航部门降低运价，打开蘑菇销往东部市场的通路后，每斤蘑菇的价格快速升到 3 块多钱，可见对于县城而言，融入高能级产业生态，参与大城市产业分工是多么关键。

当今，数字技术、生物科技的普及即将孕育出大量产业机会；“一带一路”倡议带来了新的国际商贸格局，面向未来的产业增量正在大量涌现。以大城市为主战地的未来产业生态正在逐步形成，也为县城带来了更多抢占上游生态位，实现高质量发展跃迁的可能。过去几十年产业圈层式转移分工，让我们习惯了“小行星”式县城的近水楼台先得月。但随着高速、铁路、航空等交通网络的全面完善升级（到 2025 年，全国铁路将基本覆盖城区人口 20 万以上城市，高铁覆盖 98% 城区人口 50 万以上城市[①]），城市之间的时间距离拉近，物流成

① 新华社：《国铁集团董事长：2025 年高铁覆盖 98% 城区人口 50 万以上城市》，https://jt.rednet.cn/content/2021/03/06/9068873.html.

本进一步压缩；数字经济的快速发展、人工智能与算力的提升带来信息交流壁垒的突破，为县城进一步突破过去空间、资源的限制，跳跃式融入城市群、大湾区等高能级产业生态带来机会！

县城主动在大城市搭建起的"反向飞地"，恰恰是一种以"互联网思维"融入大城市产业生态、抢占产业增量空间的有力平台。它不只是一个孵化器或招商中心，而应是县城瞄准新兴产业增量，在大城市的地界培育自己的产业，抢占新兴产业生态位的前线阵地；更应成为集中展示本地产业实力，助推本地企业走向更高市场的开放窗口。

因此，**县城在谋划"反向飞地"时，首要的就是知己知彼，瞄准大城市的产业增量，做好产业规划，明晰产业目标和定位。要以战略的眼光重视"飞地"，以之为纽带，打通两地产业市场。**

### 2. "反向飞地"可支撑产业升级，高效配置创新资源

"反向飞地"不仅可以抢占产业增量，更是本地产业做强存量的有力支撑。

一方面，"反向飞地"是本地龙头企业借大城市的创新"海洋"养"鱼"的"海洋牧场"。本地产业资本可以通过对"飞地"内的创新团队投资，或者购买创新技术，进一步扩展自身产业生态，为龙头企业的转型发展提供新动能。

另一方面，正如前文所述，人才正逐渐成为地方企业，尤其是中小企业高质量发展时"卡脖子"的问题。事实上，不同于龙头企业，中小型企业受规模所限，很难独自突破地方的创新资源困局。结果要么自行流向大城市，要么在地方挣扎中逐渐死掉。而对于县城来说，优质的中小企业才是地方经济未来发展的战略级"潜力股"。比起让中小企业单枪匹马的自己找人才，"反向飞地"则可以为本地中小企业集中高效地吸引人才，培养创新生态。在做强本地产业存量的同时，避免优质产业资源流失。

如瑞安，这个位于民营经济发达的温州市的县级市，其传统优势的汽摩配产业集群近年来正面临着向汽车关键零部件产业转型升级的换挡阵痛。本土企业强化研发投入，提高产业技术创新实力的意愿和动力很强。但无奈温州本地科研机构、高等院校较少，又远离杭州、上海等地，科研创新人才引进难度较大。为破解这一难点，瑞安市决定"飞"到上海解决这一难题。上海市嘉定区

安亭镇是中国汽车工业的重要发源地之一，是上海国际汽车城的核心区，产业创新资源富集，人才密度高。2019 年，瑞安在安亭设立了飞地创新港，通过鼓励本土企业将研发机构择优入驻“飞地”，推动“本地投资、飞地研发”的模式。首期便吸引了 7 家瑞企集中入驻[①]，让创新人才不用离开上海便可服务瑞安本土企业，也破解了本地企业在创新发展时招人难的痛点。对于县城来说，这种带着本地企业集中迁移至异地的“飞地”创新模式，不仅能够高效支撑本地企业创新升级，更有助于县城防止因创新瓶颈而造成的产业流失。

▲ 瑞安在建高端零部件创新产业片区（华高莱斯　摄）

① 浙江新闻：《瑞安在上海有块“飞地”，它的名字叫“创新港”》，https://zj.zjol.com.cn/news/1115568.html.

因此，**县城在谋划"反向飞地"时，要绑定本地企业发展需求，政企"抱团出海"，让大城市"不为我有"的人才能够更好地"为我所用"，助力本地产业创新转型**。

### 3. "反向飞地"可辅助融入圈子，塑造区域产业品牌

很多县城招商时常常面临一个尴尬的局面，就是：刚一介绍自身情况，便被企业一句"××是哪儿啊？不了解"把话给截住了。企业不仅没听说过，更不了解这城市是干什么的，更何谈签约落地呢？中国有数千个县级单位，绝大多数是没有广泛的认知与共识的。尤其当与创业者所在城市有一定距离，与其生活认知也不交圈时，在空间上的距离与心理上的距离"双远"的情况下，别说让企业、人才一步到位签约落地，甚至可能连个考虑的机会可能都没有。构建区域产业品牌，让招商引资的目标群体从听说过这座城市，到听说过这个城市在发展相关产业，再到产生好奇去主动了解乃至最终选择落户是需要县城去下苦功夫的。一般来说，大城市的招商推介会，本地举办的高规格产业会展、论坛等活动，都是县城主体打响本地产业品牌认知度的好方法。

"反向飞地"为我们提供了一个性价比更高的品牌建设"道场"。一方面，它直插大城市的产业圈层，能够实现更加精准的认知推广；另一方面，常设的"飞地"不仅是产业活动及推广的平台，更作为产业运行的实际载体，入驻企业的日常商务交往，能为县城带来各种上下游相关企业及创新主体"流量"，是一个全年无休的区域产业品牌"活看板"。再进一步，"飞地"内良好的政企合作关系也可以进一步促成企业扩产时的落地意向，乃至企业家圈层内"以商招商"的潜在机会。

例如，常熟（北京）创新中心就面向北京的汽车产业创新圈、投资机构、垂直媒体等，在2017—2019年的3年期间不定期举办了"京常路演""京常会""京常来""开放日"等多种品牌活动170多场。其中"京常来"推荐了99个项目走进常熟、认识常熟，签约项目6家，推荐项目8家[①]。直面垂直的产业圈层精准、多面、高频次的传播交流，让北京的产业圈子对常熟这座城更加熟悉，对常熟的

① 清华控股：《数据看"飞地孵化器"，常熟（北京）创新中心交出两年成绩单》，https://www.thholding.com.cn/news/show/contentid/2703.html.

汽车产业基础及发展方向、建设目标、政策环境等从听说到好奇再到了解；让“飞地”入孵的创新项目赴常熟实地考察，进一步强化落地信心。

因此，**地方政府在谋划和运营“反向飞地”时，更要有区域产业品牌建设的意识，通过开设区域产业展馆、举办产业交流活动、组织产业考察等方式，在大城市的产业“圈子”里，打响自己的名号。**

总体而言，“反向飞地”是具有一定产业发展基础的县城突破发展瓶颈的平台。**要用好这一平台，就要以战略的眼光看待“反向飞地”，不局限于有限的“飞地”载体，而是将眼光放长远，以“飞地”为阵地，为本地产业谋增量、活存量、扩声量！**

## 四、用对方法，小县要“巧”与大城舞

明确了目标，下一步更要用对方法，方能事半功倍。具体来讲，需要注意以下 3 个方面。

### 1. 找准合作方，谋求双赢

**“反向飞地”的落子关键，在于厘清供需关系**，找准合作方。合作方不仅有“飞”入的大城，更有委托运营的平台机构。

“反向飞地”是两地产业协同对接、互利共赢的平台。它一方面连接着县域主体的龙头企业、潜在市场、创新需求和政策支持；另一方面对接着大城市的创新人才、前沿信息、高新技术、产业化潜力项目及创投资本。因此，明确自身需求，研判“飞”入的城市是否能拥有相应匹配的要素十分重要。如果只瞄准“北上广深”，就很容易陷入被动。虽然一线大城市资源富集，但竞争者也很多，普通的县城不仅很难在激烈的竞争中“分到一杯羹”，还有可能被“飞”入地政府当成抢企业、分税收的“薅羊毛”行为，产生警觉和不满。而行政管理的协调难题，常常会给“飞地”建设带来各种显性和隐性的交易成本，影响“飞地”良性发展。

因此，找准优质原始股，与其“共同成长”则是一个不错的选择。上文中提及的衢州海创园，便是个优秀的范例。在与杭州的“飞地”合作关系中，固然有“山海协作”的政策“做媒”，但获得杭州方面支持的关键在于项目实现了“双赢”。杭州将绝佳的地块让出，并在行政管理、政策支持等方面提供全

面绿灯，共享本地创新资源，成就海创园成为衢州发展智慧产业和数字经济的桥头堡。而衢州方面也不仅是以土地指标换取余杭的“飞地”空间，更是在杭州城西科创走廊大规模建设的初期早早“入股”，通过项目建设、政策补贴，进一步强化了杭州的创新环境，增加了本地的就业机会。

▲浙江杭州余杭　衢州海创园（华高莱斯　摄）

找到对口的运营平台也很重要。一般来说，政府缺乏专业的运营能力，往往需要找到合适的科创平台合作，运营“反向飞地”。然而通过前面的论述我们知道“反向飞地”并非简单的招商中心，更不是一个孵化器或创新港而已，对机构的运营能力及相关资源背景要求极高。因此，更应找准合作运营平台，让专业的人做专业的事。机构是否具有目标产业方向的创新平台运营经验，是否拥有相关的产业背景资源，都是在实际运营中能否成功的关键。

2. 宜近不宜远，强化联系

虽然“反向飞地”突破了过去圈层式的发展限制，实现了与大城市点对点的跨越式产业协同。但想要事半功倍，还是得从“身边”的大城下手。不仅是空间距离的问题，更有行政关系、产业关联等因素综合影响着“飞地”成功与否。“飞”入地是“飞”出地行政区划外建立的经济发展平台，如果“飞”得过远，容易与原有企业母体和市场脱离联系[①]。一方面，产业群及产业生态从空间上

① 吴素春．“飞地经济”研究综述与展望［J］．山东工商学院学报，2013，27（3）．

仍集中在一定的范围内，“飞”入地与“飞”出地地理相近，有利于企业和原有市场保持联系，不至于在转移过程中丢失原本的区域市场。另一方面，地理相近也意味着行政管理间的壁垒相对较少，两地企业、政府的沟通障碍也更少。同时，地理相近更能保障“飞”出地政府与企业主及创新人员的文化习惯、情感联系、价值观念相近，强化后续“飞地”招商引智的效果。以衢州为例，在杭州设立“飞地”，不仅从行政层面更加容易推进，还能更好地对接大量在杭的衢州人才和企业家，推动人才、项目“返乡”，更可依托便捷的交通互联，吸引更多“星期六工程师”，实现更加多元的灵活人才引进机制。

因此，瞄准本省内部或临近的城市群、都市圈，比盲目选择北上广深要实际得多。**在“飞地”选择上，不可一味“慕强”，而要顺应产业布局的客观规律，选择空间地理强联系、产业互补有关系、两地沟通有默契的城市。**

### 3. 不小打小闹，深耕运营

前期没有明确目标，盲目跟风，后期小打小闹，草草收场，是很多县城尝试“反向飞地”时的真实写照。“飞地”建设的本质是两地产业与创新系统的深度绑定，而产业网络说白了就是产业人的网络。比起过去的招商引智一步到位带来的未知与风险，“飞地”给予创新企业、人才更多接触并了解“飞”出地产业、政府的机会，为构建两地政企互信、业务往来，实现人才、资本与信息的两地互动，进而实现产业项目落地创造了一个循序渐进的过程，而这需要持续坚定的投资和长久专业的运营。而“飞地”作为飞出地的“门脸”，明确产业方向的投入展示了发展产业的决心，运营过程中注入诸如政策补贴能否及时到位等细节展示了政府重视程度及营商服务的意识，这些都将直接影响企业未来投产时的落地选择。

因此，构建长效的管理机制，稳扎稳打地深耕运营，营造良性的异地营商小环境，也是“反向飞地”最大化发挥效果的关键。

综上所述，县域经济进入当前这个“非生即死”的关键节点，我国国县城的发展格局将进一步洗牌。明辨之，笃行之，主动跳出自己的一亩三分地，“反向飞地”也许可以成为县城重新站上牌桌的制胜一招。

# 结语：做好县城发展的“战略军师”！

读完整本《小县城·大未来》，我相信大家对“小县城，可以创造出大未来”这句话应该有了更充足的信心。作为一家专注于城市发展的顾问公司，华高莱斯一直在为县城的城市品质提升、县城经济发展，提供各种顾问服务。在大量真实的县城发展的战略顾问工作中，我们发现：县城要想真正得到发展，真正在城镇化过程中形成突破，应该首先做好顶层谋划，尤其需要像华高莱斯这样的顾问公司来担任“县城发展的‘战略军师’”角色。

作为一个优秀的“战略军师”，应该如何为县城发展出谋划策呢？我想至少应该能提供如下几个方面的帮助：

- **帮助县城拥有领先优势**。在实际咨询工作中，我们发现，那些在某一领域或者某几个领域具有领先优势的县城，往往能得到更多关注。由此，聚集更好的资源，从而推动自身更好发展。要想形成这种正向优势积累，并不局限于县城的某项特殊禀赋，而在于县级决策者具有创新性发展思路。**为县级决策者提供，或者帮助决策者形成这种体系化创新思路，是“战略军师”为县城发展提供的最重要的帮助**。

- **帮助县城获得产业启动力**。产业永远是县城经济发展的核心。也许有“50 年不落后”的城市，但很少有“50 年不落后”的产业，而一定没有“50 年不落后”的技术。对待县城的产业发展问题，需要的不是“终点思维”而是“起点思维”，即聚焦如何能在最近 3 ～ 5 年内把产业做起来，重点思考产业发展的初始动能。**为县级政府策划好产业发展的启动力，是“战略军师”为县城发展提供的最切实的帮助**。

- **帮助县城规避风险**。城镇发展是一门经验科学。很多县城发展中的问题都带有普遍性。很多县城现在遇到的问题，恰恰是其他县城曾经遇到并已解决的问题。所以，充分和广泛地研究县城发展的案例，从中总结出共性规律，是避免或减少发展失误的重要方式。但对于县城决策者而言，很难有时间与精力完成上述经验的总结与研究；而且，任何县城都无法承受高昂的发展“试错”成本。**运用自身丰富的案例积累与实践经验，为县城规避发展中的类似问题，是“战略军师”为县城发展提供的最有价值的帮助。**

《小县城·大未来》正是基于这种“为县城发展提供切实可行的帮助”的初心撰写而成。本书的作者都是华高莱斯的中坚力量。他们来自咨询实战工作的一线，书中的观点也大多来自实战中的提炼与思索。

**更为重要的是，《小县城·大未来》的策划出版，离不开华高莱斯的灵魂人物——华高莱斯董事长兼总经理李忠先生的贡献。**作为华高莱斯的创始人，20多年来，李忠先生一直坚持奋战在顾问工作的最前线，这本书的创作灵感，来自李忠先生对县城决策者发展诉求的高度关注和深刻理解；书中的核心思想，也来自他对县城发展的长期深度思考。

在华高莱斯，李忠先生还具有一个其他撰稿人所没有的“优势”——首先，从山东临沂的小县城到上海同济，再到首都北京，李忠先生是一个在中国各级城市都有过生活体验和工作经验的人；其次，从亚洲，到欧洲，再到北美、大洋洲，李忠先生在20多年的时间里考察过50多个国家中的400多个城市，拍摄了800多万张案例图片；所有这些经历，让李忠先生在城市发展问题上具有更广阔的视野，对不同类型的城市具有更深刻的认知。

李忠先生独树一帜的专家优势与华高莱斯团队力量的有机结合，使华高莱斯能以创新方法解决好城市问题，并确保华高莱斯能真正做到“县城发展的‘战略军师’”！

总之，作为“城市发展的‘战略军师’”，希望华高莱斯的这本《小县城·大未来》能给更多县城以启示，更希望以此为县城提供更多的帮助，让县城获得更大的未来！

**华高莱斯董事副总经理**
**“技术要点”系列丛书主编　　陈迎**